Ernst Siebeneicher-Hellwig

Messer machen
wie die Profis

KOSMOS

Einleitung

Dieses Buch soll den Anfänger schrittweise dazu führen, erst mit einem Bausatz ein Messer zu fertigen, um dann nach den ersten Bausatzprojekten mit der dabei gewonnenen Erfahrung selbst ein Messer nach eigenen Entwürfen herzustellen. Es ist dem Fortgeschrittenen natürlich freigestellt, die Bausatzprojekte zu überspringen und gleich mit der Fertigung einer Klinge zu beginnen und das Anbringen der Griffe und Beschläge aus den ersten Projekten zu übernehmen.

Das Buch soll auch dazu dienen, dem schon weiter Fortgeschrittenen den einen oder anderen Tipp zu geben oder neue Anregungen zu vermitteln.

Das Buch ist so aufgebaut, dass die einzelnen Arbeitsschritte besprochen werden, die Schwierigkeiten von Projekt zu Projekt steigen und jeweils neue Verfahren oder Materialien vorgestellt werden.

Das Messer war das erste Werkzeug, das der Mensch geschaffen hat. Ohne Schneidwerkzeuge wäre die Entwicklung einer höheren Kulturstufe undenkbar.

Es begann damit, dass der Mensch entdeckte, dass sich bestimmte Steine besser als andere eignen, durch das Abschlagen von Material eine scharfe Kante zu erhalten.

Die nächste wichtige Stufe war die Entdeckung der Metalle. Die ersten Metalle, die unsere Vorfahren nutzten, waren gediegen vorkommende Metalle wie Gold, Zinn und Blei. Der nächste bedeutende Schritt war das Erschmelzen von Metallen, die in chemischen Verbindungen vorkommen, und die

Repliken antiker Messer

Herstellung von Legierungen. Eine bedeutende Periode unserer Geschichte ist nach der damals erfundenen und hauptsächlich in Gebrauch gewesenen Legierung der Bronze benannt. In der Bronzezeit, ca. 2000 v. Chr., wurde neben Waffen auch Schmuck aus dem golden glänzenden Metall gefertigt. Die ältesten aus Bronze hergestellten Werkzeuge erreichten eine relativ hohe Härte, die erst durch die sehr viel später erfundenen Werkzeugstähle überboten wurden.

Die auf die Bronzezeit folgende Periode in der Menschheitsgeschichte, die Eisenzeit, wurde ebenfalls nach dem vorherrschenden Werkstoff für Werkzeuge und Waffen benannt. Eisen in seiner reinen Form eignet sich nicht für Werkzeuge, da es zu weich ist. So sind die frühesten Gegenstände aus Eisen Schmuckstücke, die aus Meteoreisen hergestellt und in ägyptischen Gräbern entdeckt wurden. Das Eisen, das vom Himmel gefallen war, ein Göttergeschenk also, war damals offensichtlich wertvoller als Gold. Die

Moderne handgefertigte Messer

Entdeckung, dass sich Eisen aus Erz erschmelzen lässt und es durch den im Schmelzprozess eingebrachten Kohlenstoff härtbar wird, war der nächste revolutionäre Schritt.

Die ersten Eisenwerkzeuge waren aber, je nach Kohlenstoffgehalt, entweder zu weich oder zu spröde. Um die positiven Eigenschaften beider Eisenwerkstoffe – Flexibilität und Härte – zu verbinden, verschweißten die frühen Schmiede jeweils mehrere Lagen von Eisen mit niedrigem und solche mit hohem Kohlenstoffgehalt. Die Eisenstücke wurden dabei bis zur Weißglut erhitzt und auf dem Amboss durch Schläge mit dem Schmiedehammer miteinander verschweißt. Heute nennen wir den dabei entstehenden Werkstoff Damaszenerstahl oder Damast. In diesem Buch beschäftigt sich ein Kapitel mit der Herstellung von Damast.

Die Entwicklung neuer Werkstoffe auch für Messer ist sicherlich noch nicht abgeschlossen, so gibt es seit einiger Zeit Klingen aus Keramik und einer Nickellegierung namens Stellit. Es wird außerdem auch mit Titan-Stahlverbindungen experimentiert.

Der Stahl

Geeignete Materialien sind eine Grundvoraussetzung für die Qualität eines Messers und seine Einsatzmöglichkeiten, das gilt in besonderem Maße für die Klinge. Welcher Stahl der Richtige ist, hängt vor allem von dem Zwecke ab, denen ein Messer dienen soll.

Stähle sind nach der heutigen Definition Eisen-Knetlegierungen, das heißt schmiedbare Eisenlegierungen. Ihre Eigenschaften werden von verschiedenen Elementen bestimmt.

Sorten und Merkmale

Der Kohlenstoffgehalt des Stahles spielt eine Schlüsselrolle für seine Eigenschaften und somit seine Anwendungsmöglichkeiten. Die Härtbarkeit des Stahles hängt maßgeblich von seinem Kohlenstoffgehalt ab. 0,45 % bilden die Untergrenze. Überschreitet der Kohlenstoffgehalt die Obergrenze von 1,7 %, lässt sich der Stahl nicht mehr schmieden.

Eigenschaften und Wechselwirkungen

Die Kriterien Schneidhaltigkeit, Zähigkeit, Schleifbarkeit und Korrosionsbeständigkeit werden von der chemischen Zusammensetzung des Stahles und von der Wärmebehandlung ganz entscheidend beeinflusst. Diese Kriterien sind aber auch für den Verwendungszweck wichtig, auch deshalb, weil es immer nur Kompromisse geben kann.

Ein sehr harter und schneidhaltiger Stahl ist in aller Regel nicht elastisch. Er fällt also als Filetiermesser aus. Ein Metzgermesser muss sich im Einsatz rasch und einfach nachschleifen lassen und soll hochgradig korrosionsbeständig sein. Ein Jagdmesser soll sehr schneidhaltig über einen möglichst langen Zeitraum sein. Hier nimmt man dafür auch einen etwas mehr Zeit raubenden Schleifvorgang in Kauf. So ist bei der Wahl des Stahles ausschlaggebend, für welchen

Feststehende Messer in unter-
schiedlichen Ausführungen

Zweck das Messer zum Einsatz kommen soll, oder anders
formuliert, welche Nachteile man für welche Vorteile in Kauf
nehmen will.

Wärmebehandlung und Stahlkategorien

Wie schon erwähnt, spielt neben den Legierungselemen-
ten die Wärmebehandlung des Stahles für den späteren Ein-
satz als Messer eine entscheidende Rolle. Durch die richtige
Wärmebehandlung können bei den hochlegierten Werkzeug-
stählen herausragende Eigenschaften erzielt werden.
Stähle werden grob in vier Kategorien eingeteilt:
– Baustähle
– Einsatzstähle
– Vergütungsstähle und
– Werkzeugstähle.
Die einzelnen Kategorien werden noch in Untergruppen
unterteilt, auf die wir aber hier nicht gesondert eingehen
wollen.
Geeignet für den Messermacher sind nur die Werkzeug-
stähle. Im Folgenden werden sie kurz beschrieben.

Werkzeugstähle

Kohlenstoffstahl

Kohlenstoffstähle haben einen hohen Kohlenstoffgehalt (über 0,45 %, hier fängt erst die Härtbarkeit an) und sind nicht oder wenig legiert. Beispiel: 1.7176 oder DIN 55 Cr 3.

Ihre *Vorteile* liegen in einer guten Schnitthaltigkeit und darin, dass sie sich sehr gut schleifen und schmieden lassen und auch gutmütig in der Wärmebehandlung sind.

Wegen seiner Feinkörnigkeit lässt sich Kohlenstoffstahl sehr fein ausschleifen, er erreicht dadurch eine unübertroffene Schärfe. Beispiele dafür sind traditionelle japanische Kochmesser oder Rasiermesser. Rostfreier Stahl hat dagegen einen relativ hohen Chromanteil. Chromkarbide aber sind vergleichsweise grobkörnig, sodass keine extrem scharfe Schneidgeometrie wie beim Kohlenstoffstahl erzeugt werden kann.

Der *Nachteil* fehlender Rostfreiheit von Kohlenstoffstählen kann durch die Pflege des Materials ausgeglichen werden. Dazu eignet sich säurefreies Öl, z. B. Kamelienöl, erhältlich im Fachhandel.

Querschnitt einer Klinge

Rostfreier Stahl   reiner Kohlenstoffstahl

Eisenkarbide

Chromkarbide

Vergleich der Schneidgeometrie von Kohlenstoffstahl und rostfreiem Stahl

Rostfreier Stahl

Rostfreie Stähle sind hochlegierte Stähle mit hohem Chromgehalt (min. 12 %). Da Chrom unedler als Eisen ist, lagert sich der Luftsauerstoff bevorzugt an das Chrom an und bildet eine hauchdünne Schicht, die den Stahl vor Angriffen des Sauerstoffs schützt.

Zusätzliche Legierungselemente sind meist Vanadium, Molybdän etc. Ein Beispiel ist die Stahlsorte 440 C, deutsche Bezeichnung: X105CrMo17.

Die *Vorteile* rostfreier Stähle sind die Korrosionsbeständigkeit und die hohe Verschleißfestigkeit.

Nachteilig ist, dass sie nicht einfach zu schleifen sind, schwer zu schmieden, und ein enges Temperaturfenster bei der Warmbehandlung besitzen. Insgesamt gesehen sind sie teurer und schwieriger zu bearbeiten als Kohlenstoffstähle.

Für den Hobbymessermacher, der die Klinge selbst herstellen will, sind diese Stähle nur bedingt geeignet, da das

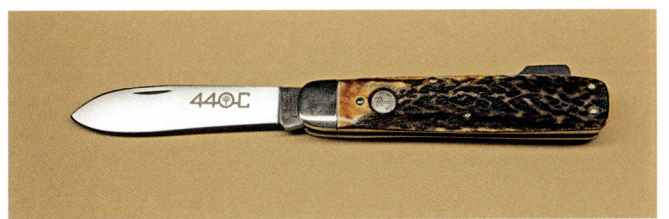

Rostfreie Stähle wie der 400 C (X105CrMo17) sind verschleißfest, aber auch schwer zu schleifen und schmieden.

Härten nicht einfach ist und etwas Erfahrung voraussetzt. Die Vergabe an eine Lohnhärterei ist eine Alternative. Dabei ist aber darauf zu achten, dass der Härterei die genaue Stahlbezeichnung angegeben wird.

Pulvermetallurgischer Stahl (PM-Stahl)

PM-Stähle sind hochlegierte Stähle mit hohem Kohlenstoffgehalt und hohem Karbidanteil (Beispiel: CPM T 440 V). Bei ihrer Herstellung werden ein Stahl auf der Basis des 440er und Vanadiumkarbide getrennt unter Vakuum verdüst und dann unter hoher Temperatur und hohem Druck in weichem Zustand miteinander verbacken.

Durch einen anderen, weniger aufwendigen Herstellungsprozess lässt sich der hohe Kohlenstoffanteil nicht mit den ebenfalls hohen Konzentrationen der anderen Legierungselemente verbinden.

Der *Vorteil* dieser Stähle ist ihre extreme Schneidhaltigkeit, *Nachteile* sind der hohe Preis und die schwierige Bearbeitung.

Damaszenerstahl

Bei der Herstellung des klassischen Damasts wird weiches, nicht härtbares Eisen mit härtbarem Kohlenstoffstahl feuerverschweißt.

Vorteile: Die Eigenschaften des harten Stahles werden kombiniert mit der Flexibilität des Eisens.

Nachteile: Der Stahl ist nicht korrosionsbeständig und verlangt ein aufwendiges Schmiedeverfahren.

Rostfreier Damast, der pulvermetallurgisch hergestellt wird (z. B. Damasteel), ist sehr aufwendig im Herstellprozess und daher sehr teuer.

Übersicht über gebräuchliche Stähle

Rost- und säurebeständige Stähle:

Stahlschlüssel	DIN-Bezeichnung	Sprechbezeichnung	Analyse			
			C	Cr	V	Mo
1.4034	X40Cr13	420	0,45	13		
1.4110	X55CrMo14	440A	0,55	14		0,6
1.4112	X90CrMoV18	440B	0,9	18	0,1	1
1.4125	X105CrMo17	440C	1	17		0,6
		ATS34	1	14		3,6
		154CM	1	14		4
		V10 Goldstahl	1	15	0,2	1

Rostträge Stähle:

Stahlschlüssel	DIN-Bezeichnung	Sprechbezeichnung	Analyse			
			C	Cr	V	Mo
1.2379	X155CrVMo12-1	D 2	1,5	12	0,8	
1.2363	X100CrMoV5-1	A 2	1	5	0,3	1
1.2601	X165CrMoV12		1,6	12	0,3	

Kohlenstoffstähle:

Stahlschlüssel	DIN-Bezeichnung	Sprechbezeichnung	Analyse			
			C	Cr	V	Mo
1.2842	90MnCrV8	O 1	0,9	0,5	0,15	
1.2414	120W10	Blauer Papierstahl	0,9	0,5		0,2
1.1545	C105	Weißer Papierstahl	1			

Pulvermetallurgische Stähle:

Sprechbezeichnung	Analyse			
	C	Cr	V	Mo
CPM T 440V	2,2	17,5	5,8	0,5
CPM 420V	2,2	13	9	1
UHB Elmax	1,7	17	3	1
RWL 34	1,05	14	0,2	4

Gebräuchlichste Stähle – Kurzbeschreibung

440 C: Ein populärer Stahl, der zu Recht bei Gebrauchsmessern und auch bei Sammlermessern geschätzt wird. Seine Brüder 440 A und B sind nicht gleichwertig in ihren Eigenschaften. Die Herstellerangabe 440 alleine sagt noch nichts aus über die tatsächliche Qualität des Stahles. Diese Bezeichnung ist lediglich ein Indiz dafür, dass es sich um einen rostbeständigen Werkzeugstahl handelt.

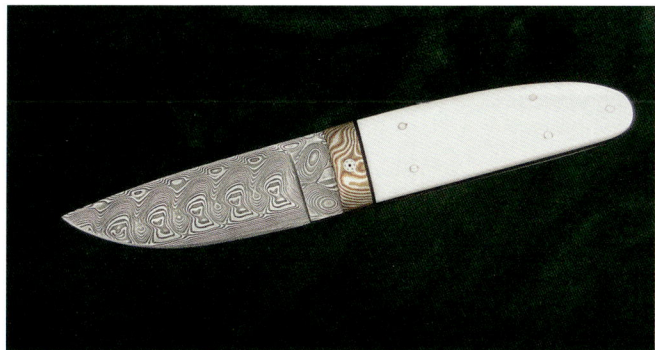

Damaszener Stahl kombiniert die Härte des Stahls mit der Flexibilität von Eisen.

ATS 34: Ein sehr reiner Stahl, da doppelt umgeschmolzen. Er übertrifft den 440C an Schneidhaltigkeit, ist aber auch teurer.

O1: Ein gutmütiger Stahl (Ölhärter), der Fehler bei der Warmbehandlung leichter verzeiht. Man muss nur Überhitzen vermeiden. Der Stahl ist nicht rostfrei!

A2: Ein Lufthärter mit hoher Schneidhaltigkeit, gut geeignet zum Messerbau. Er ist nur rost*träge*.

D2: Ebenfalls ein Lufthärter. Schwerer zu bearbeiten, aber mit sehr guter Schneidhaltigkeit.

Weißer und Blauer Papierstahl: Hochreine japanische Kohlenstoffstähle, die dem japanischen Schwertstahl sehr nahekommen. Gut geeignet für Kochmesser im japanischen Stil, Samuraischwerter und Dolche. Im Handel gibt es verschweißte Flachstähle mit einer Schneidlage aus Papierstahl mit Seitenlagen aus weichem Stahl. *Vorteil:* Die Seitenlagen stabilisieren die Klinge bei einer Schneidlage aus extrem hartem und scharfem Stahl.

Aufbau einer japanischen Klinge

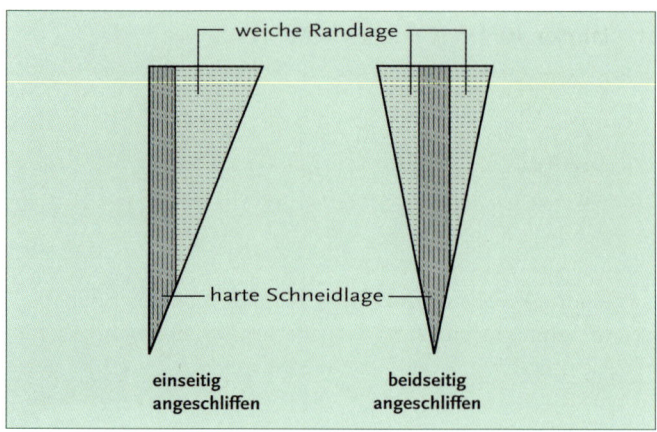

weiche Randlage

harte Schneidlage

einseitig
angeschliffen

beidseitig
angeschliffen

Grobe Unterscheidungsmöglichkeit von Stählen

Der interessierte Leser kann einen Stahl, den er in den Händen hält, mittels eines Schleifbockes grob den Kategorien nicht härtbare Baustähle, härtbare Kohlenstoffstähle und Legierungsstähle zuordnen.

Dies geschieht durch die Beobachtung der entstehenden Funken, wenn man den Stahl an die rotierende Schleifscheibe hält. Aber Vorsicht beim Umgang mit dem Schleifbock! Schutzbrille tragen!

Die Funken geben Aufschluss darüber, ob der Stahl viel oder wenig Kohlenstoff enthält, und damit über seine Härtbarkeit. Sie geben auch Auskunft, ob und welche Legierungselemente im Stahl vorhanden sind. Hilfreich ist es, das Funkenbild mit dem eines bekannten Stahls zu vergleichen.

Links: Funkenbild bei Kohlenstoffstahl, rechts: Funkenbild bei Legierungsstahl

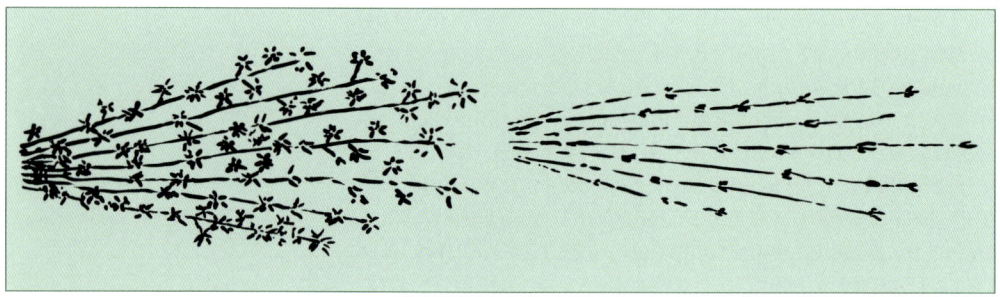

Stahlsorten und ihre Funkenbilder

Stahlsorte	Strahlvolumen	Farbe vorne	Farbe hinten	Explosionen
Baustahl	groß	weiß	weiß	wenig, gegabelt
Kohlenstoffstahl	mäßig	weiß	weiß	viele, klein
Leg. Werkzeugstahl	klein	rot	strohgelb	wenig, gegabelt
Rostfreier Stahl	mittel	strohgelb	weiß	mäßig, gegabelt

Das eindrucksvollste Funkenbild zeigt der Kohlenstoffstahl. Die Kohlenstoffexplosionen, die sich im Strahl weiter verästelnd fortsetzen, erinnern an ein Feuerwerk.

Legierungen

Die Legierungselemente

Kohlenstoff (C): Kohlenstoff ist das wichtigste Legierungselement, da er Eisen erst zu Stahl und damit härtbar macht. Kohlenstoff bildet mit anderen Elementen wie Chrom, Vanadium, Molybdän und Wolfram die sogenannten Karbide, die die Verschleißfestigkeit enorm erhöhen.

Chrom (Cr): Chrom ist das wichtigste Element bei der Herstellung von korrosionsbeständigem Stahl, wobei der Chromanteil mindestens 13 % betragen muss. Chrom bildet mit dem Luftsauerstoff an der Stahloberfläche Chromoxid. Chromoxid bildet eine Schutzschicht gegen Korrosion.

Chrom erhöht die Festigkeit und die Korrosionsbeständigkeit und verbessert die Härtbarkeit. Da Chrom verschleißfeste Karbide bildet, trägt es zur Schneidhaltigkeit von Messerklingen bei.

Vanadium (V): Vanadium erhöht Festigkeit, Schnitthaltigkeit und Zähigkeit.

Molybdän (Mo): Durch Molybdänzugaben werden die Zugfestigkeit, die Korrosionsbeständigkeit und die Zähigkeit erhöht. Molybdän ist nötig, um Stahl lufthärtbar zu machen.

Wolfram (W): Wolfram erhöht die Schneidhaltigkeit und die Härte. Stähle mit einem hohen Wolframanteil, gepaart mit einem hohen Kohlenstoffgehalt, sind sehr verschleißfest, aber auch mit konventionellen Mitteln kaum mehr zu schärfen. Wolfram dient als Basislegierung für Schnellarbeitsstähle und Hartmetalle.

Mangan (Mn): Das Metall erhöht die Festigkeit, die Schmiede- und Schweißbarkeit, sowie die Verschleißfestigkeit.

Nickel (Ni): Nickel erhöht die Zähigkeit. So findet man Nickel in Stählen für Sägen. Stähle, die sehr flexibel sind, haben in der Regel einen relativ hohen Nickelanteil.

Hochlegierte Stähle

Den ungefähren Anteil an Legierungsbestandteilen kann man aus der DIN-Bezeichnung der Stähle ablesen: Stähle mit mehr als 5 % Legierungsanteilen nennt man hochlegierte Stähle. Zu ihrer Kennzeichnung wird dem Zusammensetzungsteil ein „X" vorangestellt. Die ihm folgenden Zahlen spiegeln den tatsächlichen Legierungsanteil in Prozent wider, außer bei Kohlenstoff. Dessen Anteil wird mit 100 multipliziert und steht direkt hinter dem X.

Beispiele hochlegierte Stähle	
DIN-Bezeichnung	**Legierungsanteile**
X40Cr12	– 0,4 % Kohlenstoff
	– 12 % Chrom
X155CrVMo12 1	– 1,6 % Kohlenstoff
	– 12 % Chrom
	– 1 % Vanadium
	– 1 % Molybdän

Niedriglegierte Stähle

Bei niedrig legierten Stählen erscheint kein X vor dem Zusammensetzungsteil, es folgt gleich der Kohlenstoffanteil multipliziert mit 100. Die anderen Bestandteile werden mit verschiedenen Faktoren multipliziert.

Beispiel niedriglegierte Stähle	
90 Mn Cr V 8	– 0,9 % Kohlenstoff
	– 2 % Mangan
	– Reste Chrom u. Vanadium

Legierungsbestandteile – Multiplikationsfaktoren

Element	chem. Zeichen	Multiplikator
Chrom	Cr	4
Kobalt	Co	4
Mangan	Mn	4
Nickel	Ni	4
Silizium	Si	4
Wolfram	W	4
Aluminium	Al	10
Kupfer	Cu	10
Molybdän	Mo	10
Tantal	Ta	10
Titan	Ti	10
Vanadium	V	10
Kohlenstoff	C	100
Phosphor	P	100
Schwefel	S	100
Stickstoff	N	100

Unlegierte Stähle

Unlegierte Stähle, die man einer Wärmebehandlung unterziehen kann (z. B. Härten), werden mit einem C gekennzeichnet. Es folgt der mit 100 multiplizierte Kohlenstoffgehalt.

Beispiel unlegierte Stähle	
C 45	0,45 % Kohlenstoff

Einfache Baustähle

Einfache Baustähle werden mit „St" und einer Zahl gekennzeichnet. Die Zahl steht für die Mindestzugfestigkeit in N/mm^2.

Beispiel einfache Baustähle	
St 37	Baustahl mit einer Mindestzugfestigkeit von 370 N/mm^2

Korrosion

Wichtig erscheint es mir, dass wir uns in diesem Zusammenhang etwas mit dem Wesen der Korrosion, oder, weniger hochtrabend ausgedrückt, des Rostens befassen.

Unter Korrosion versteht man die Zerstörung des Werkstoffes unter dem Einfluss von chemischen oder elektrochemischen Vorgängen.

Chemische Korrosion

Hierbei wird die Oberfläche des Metalls durch einen chemischen Angriff verändert. Sauerstoff und das Vorhandensein von Flüssigkeiten (Säuren, Laugen, Salzlösungen, Feuchtigkeit) spielen bei diesem Vorgang eine wesentliche Rolle.

Korrosion kann auf chemischem und auf elektrochemischem Weg entstehen. Doch selbst sogenannte rostfreie Stähle rosten, wenn sie lange genug ungünstigen Bedingungen ausgesetzt sind: Das Messer lag vergessen lange Zeit im Freien.

Wenn bei der Oxidation – so nennt man diesen Vorgang –
eine dichte haltbare Schicht entsteht, so wirkt diese als
Schutz gegen ein weiteres Fortschreiten der Korrosion, beispielsweise bei Kupfer oder Aluminium. Ist die Oxidschicht
dagegen locker und porös, schützt sie nicht (Rost). Je edler
Metalle sind, umso weniger werden sie angegriffen, beispielsweise Gold, Silber oder Platin.

Elektrochemische Korrosion

Bei dieser Form der Korrosion fließt Strom zwischen zwei
verschiedenen chemischen Elementen, wobei das unedlere
der beiden Metalle angegriffen und zersetzt wird. Das Vorhandensein einer elektrisch leitenden Flüssigkeit (Wasser,
Luftfeuchtigkeit, Handschweiß) ist dabei Voraussetzung. Je
weiter die Elemente in der Spannungsreihe auseinander liegen, umso stärker ist der Strom, der fließt, und umso größer
ist die Zersetzung des unedleren Elements.

Die Tatsache, dass zwischen zwei in der Spannungsreihe
weit entfernten Elementen Strom fließt, nutzt man bei der
Herstellung von Batterien.

Wie die Tabelle unten zeigt, ist die Entfernung zwischen
Kohlenstoff und Eisen relativ groß. So ist auch zu erklären,

Elektrochemische Spannungsreihe

Element	Volt
Gold	3,37
Silber	2,67
Kohlenstoff	2,61
Kupfer	2,22
Blei	1,74
Zinn	1,72
Nickel	1,62
Eisen	1,44
Chrom	1,31
Zink	1,09
Aluminium	0,42

dass ein Kohlenstoffstahl mit dem ihm eigenen hohen Kohlenstoffanteil bei Feuchtigkeit leicht rostet.

Rostfrei und rostempfindlich

Sogenannte Rostfreie Stähle haben einen hohen Chromzusatz, der eine Oxidschicht auf dem Stahl bildet und dadurch einen Korrosionsangriff verhindert.

Am besten schützt man rostempfindlichen Stahl, indem man ihn sofort nach Gebrauch säubert und einölt. Man kann auch schon bei der Herstellung der Klinge etwas gegen Rostempfindlichkeit tun: Eine polierte Oberfläche bietet weniger Angriffsfläche als eine raue. Sie verbessert dadurch die Korrosionsbeständigkeit der Metalle. Spiegelglanz ist daher nicht allein eine Sache der Optik, sondern auch eine Vorsorgemaßnahme gegen Korrosion.

Stähle nach Einsatzgebieten

Stähle haben verschiedene Eigenschaften, abhängig von den Legierungselementen, dem Kohlenstoffgehalt und der Wärmebehandlung. Ziel sollte es sein, den idealen Stahl für den jeweiligen Einsatz zu finden.

Die Eigenschaften *Korrosionsbeständigkeit*, *Zähigkeit*, *Elastizität*, *Zugfestigkeit*, *Härte*, *Schnitthaltigkeit* und *Schärfbarkeit* beeinflussen den Einsatzbereich erheblich.

Kriterium Korrosionsbeständigkeit

Küchenmesser sollten aus naheliegenden Gründen eine hohe Korrosionsbeständigkeit haben. Für die Messer im harten Einsatz bei der Verarbeitung von Lebensmitteln ist Zugfestigkeit wichtig, da die Schneide ja nicht gleich ausbrechen soll.

Die Härte sollte im Bereich von 53 bis 55 HRC liegen, um ein leichtes Nachschleifen am Wetzstahl zu gewährleisten.

Meine Wahl für ein Küchenmesser fällt auf 440A, da dieser Stahl die geforderten Eigenschaften gut erfüllt.

Filetiermesser erfordern höchste Korrosionsbeständigkeit, besonders, wenn das Messer beim Fischen im Meer mit Salzwasser in Kontakt kommt. Das Filetiermesser wird nicht

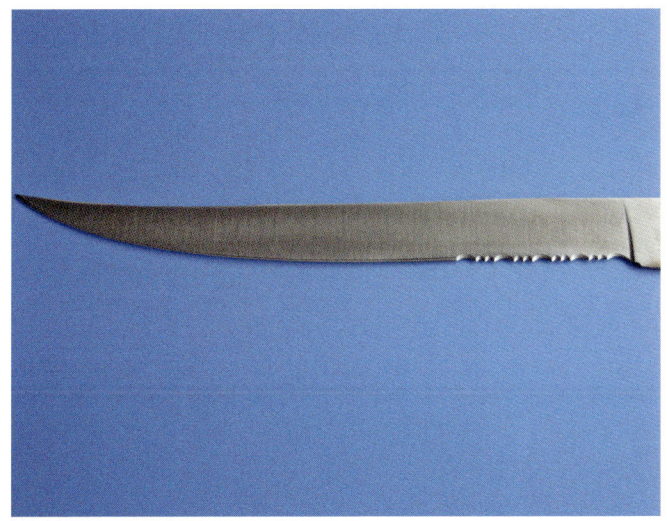

Von den Klingen heutiger Filetiermesser darf man höchste Korrosionsbeständigkeit erwarten.

zu einem hackenden Einsatz kommen. Der verwendete Stahl
kann daher eine Härte bis zu 60 HRC vertragen, vorausge-
setzt, die Art der Wärmebehandlung erlaubt genügend Flexibilität. Hohe Schnitthaltigkeit, Korrosionsbeständigkeit und
Festigkeit geht auf Kosten der leichten Schleifbarkeit, was
aber in Kauf genommen werden muss. 440C oder ATS34
wären meine Wahl.

Kriterien Schärfe und Schnitthaltigkeit

Japanische Kochmesser zeichnet unerreichte Schärfe aus. Sie
wird erreicht durch die bereits erwähnte Kombination einer
sehr harten Schneidlage aus reinem Kohlenstoffstahl mit Seitenlagen aus weichem, nicht härtendem flexiblen Stahl. Die
Schneidlage allein würde aufgrund ihrer hohen Härte bei seit-
licher Belastung brechen. Die flexiblen Randlagen geben der
Klinge aber die nötige Stabilität.

Für japanische Kochmesser eignen sich der traditionelle
Weiße Papierstahl und der Blaue Papierstahl.

Der Blaue Papierstahl ist etwas zäher und bricht nicht so
leicht aus wie der Weiße Papierstahl. Letzterer lässt sich aber
extrem scharf ausschleifen. Gut geeignet sind Laminate mit
Schneidlagen aus Papierstahl und weichen Seitenlagen.

Jagdmesser für den harten Einsatz müssen als wichtigste Eigenschaft hohe Schnitthaltigkeit mitbringen. Der Jäger hat in der Regel keine Lust, bei der Arbeit am Wild, eventuell unter ungünstigen Wetterbedingungen, den Wetzstahl zu zücken. Desgleichen ist gute Korrosionsbeständigkeit gefragt.

Hohe Zugfestigkeit kann zugunsten der Schnitthaltigkeit geopfert werden, wenn das Messer nicht als Axt oder Haumesser genutzt werden soll. Auch die Kosten des Stahls sollten nicht ausschlaggebend sein für das Messer, das der Jäger als sein wichtigstes Werkzeug gebraucht.

Meine Wahl wären pulvermetallurgische Stähle wie CPM420, CPM440V oder Elmax.

Griffmaterialien und Werkzeug

Die hochwertigste Klinge nützt wenig, wenn die übrigen Materialien des Messers nicht stimmen. Der Griff und seine Bestandteile müssen widerstandsfähig sein, bestimmen aber auch entscheidend die Optik eines Messers.

Griffbacken, Beschläge, Nieten – das Materialspektrum für die Elemente eines Messergriffs ist beeindruckend. Das wird das folgende Kapitel zeigen.

Holz

Trotz eines mittlerweile recht breiten Spektrums anderer natürlicher und künstlicher Werkstoffe erfreut sich Naturholz für Messergriffe immer noch großer Beliebtheit.

Harthölzer

Hartholz ist empfehlenswert und sehr dekorativ. Zu diesen Hölzern zählen beispielsweise Cocobolo, Schlangenholz, Wüsteneisenholz, Olivenholz etc. Nicht alle Harthölzer sind leicht zu bearbeiten, da einige unter ihnen ölhaltig sind und deshalb die Feilen oder das Schmirgelleinen verschmieren.

Bei einigen Hölzern empfiehlt es sich, die Poren zu versiegeln. Andere Hölzer mit starkem Ölgehalt wie Eisenholz, Olivenholz, Schlangenholz etc.) benötigen keine Versiegelung.

Das recht helle Ahornholz verträgt gut eine Färbung mittels einer Holzbeize. Nach der Glanzversiegelung zweigt es dann oft wunderschöne Effekte.

Schlangenholz, Zebrano, Ebenholz, Wüsteneisenholz

Geeignete Messergriffhölzer

Name	Farbe	Eigenschaften
African Padauk	tiefrot mit dunklen Streifen	
Ahorn	hell, unterschiedliche Maserung	beizen angebracht
Amboina Wurzel	orange, gemasert	
Arizona Eisenholz	hell- bis dunkelbraun, z. T. streifig	sehr hart, starkes Finish
Bocote	rötlich braun	mittelhart, gut zu bearbeiten
Briar	braun, gemasert	mittelhart, gut zu bearbeiten
Bubinga	hellbraun	gut zu bearbeiten
Cocobolo	tiefbraun bis dunkelgelb	gut zu bearbeiten
Ebenholz	schwarz	hart und schwer
Ebenholz Macassar	schwarz mit braunen Streifen	hart und schwer
Grenadill	dunkelbraun mit schwarzen Streifen	hart, schwer, ölhaltig
Rosenholz	braun, mit dunklen Streifen	hart, schwer, ölhaltig
Lignum Vitae (Eisenholz)	oliv, braun bis fast schwarz	sehr hart, schwer, ölhaltig
Madrone	reich gemasert	
Olive	braun, z. T. gestreift	
Palmenholz	dunkel	Faserstruktur
Schlangenholz	rotbraun, dunkel gefleckt	sehr hart, schwer, ölhaltig
Wenge	dunkelbraun bis schwarz	
Violetta (Königsholz)	violett, dunkle Streifen	hart, schwer, ölhaltig
Zebrano	hell mit dunklen Streifen	mittelhart, gut zu bearbeiten

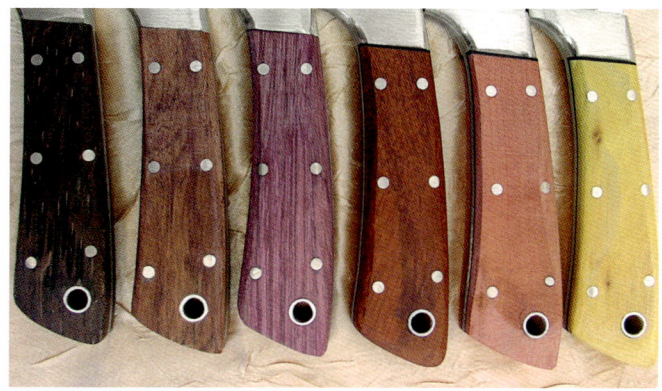

Messergriffe mit Griffschalen aus naturfarbenen Hölzern

Stabilisierte Hölzer

Hölzer mit geringem Ölanteil eignen sich zum Stabilisieren. Dabei wird das Holz in einer Vakuumkammer mit Kunstharz versetzt. Das Harz dringt in die Poren ein und härtet dann aus. Das Holz wird dadurch stabil, das heißt, es arbeitet nicht mehr bei Feuchtigkeit oder trockener Umgebung. Zudem lässt es sich ohne Zusatzstoffe auf Hochglanz polieren. Die Bearbeitbarkeit wird verbessert, das Holz bricht nicht so leicht aus und es splittert nicht.

Schichtholz

Neben Naturholz findet im Messerbau immer häufiger Schichtholz Anwendung. Dabei handelt es sich um mit Kunstharz stabilisierte, oft verschiedenfarbige Hartholzlagen. Schichtholz ist sehr empfehlenswert, da es ausgesprochen stabil ist und unter Feuchtigkeitseinfluss nicht quillt. Überdies ist es leicht zu bearbeiten.

Kunststoffe

Micarta ist ein „natürlicher Kunststoff", da bei seiner Fertigung Papier oder Leinen mit Kunstharz vermischt und unter Druck und Hitze verklebt werden. Es ist sehr empfehlenswert, weil sehr stabil, handfreundlich und leicht zu bearbeiten.

TIPP

Achtung! Einige Tropenhölzer (z. B. Cocobolo) können Allergien auslösen. Bei ihrem Verarbeiten muss auf einen Atemschutz geachtet werden!

Neopren und Kraton   sind handfreundlich, warm und rutschfest, werden aber meist nur bei industriellen Messern verwendet.

Natürlich eignen sich auch einige künstlich hergestellte Stoffe zur Herstellung von Griffen. Als Beispiele seien *künstliches Perlmutt* und *Schildpatt* genannt.

Eine Sonderstellung nehmen künstliche Steine ein. Hier werden bei der Schmuckherstellung anfallende Reste oder Staub mit Kunstharz vermischt und zu Platten verpresst. Das Material hat den Vorteil, dass es auch sehr dekorativ ist, aber viel leichter zu bearbeiten ist als natürliche Steine. Der Autor benutzt dieses Material für Einlagen und Zwischenstücke.

Horn

Hirschhorn   ist sehr dekorativ und griffig. Das europäische Hirschhorn eignet sich nur sehr bedingt als Griffmaterial, da die äußere Schicht relativ dünn ist und man bei der Bearbeitung schnell auf das poröse Mark stößt. Indisches Hirschhorn – sogenanntes Sambar Stag – hat eine dickere Außenschicht und eignet sich daher besser als Griffmaterial.

Sambar ist zurzeit aber nur begrenzt auf dem Markt verfügbar, da die indische Regierung ein Exportverbot verhängt hat. Man muss jetzt auf Altbestände zurückgreifen.

Hirschhorn hat den *Nachteil*, dass es empfindlich ist, und bei der Bearbeitung und beim Gebrauch splittern kann.

Messer mit Griff aus übergeschliffenem Hirschhorn

Büffelhorn-Abschnitt und ein
Messer mit Griff aus diesem
Material

Büffelhorn eignet sich ganz vorzüglich für Griffschalen, da es leicht zu bearbeiten ist, aber trotzdem eine gute Festigkeit besitzt.

Die Farben variieren von Tiefschwarz über Schwarz mit hellen Streifen zu transparentem Gelb-Braun und Grau.
Kuhhorn wird seit Langem schon für Messergriffe verwendet. Das durchscheinende, teilweise milchige oder gefleckte Aussehen ist sehr reizvoll.

Kuhhorn kann man wie Büffelhorn als fertiges Schalenmaterial kaufen oder aus Schlachthofabfällen selbst Griffschalen herstellen. Die Farbskala reicht von Transparent-Grau über Braun zu Schwarz-Weiß gestreift.

TIPP

Besonders weichere, für Griffschalen zu flachen Stücken verformte Hornsorten wie Kuh- und Schafhorn tendieren dazu, wieder die alte Form einzunehmen – „Horn hat ein Gedächtnis"! Bei der Grifffertigung werden deshalb am Anfang und am Ende sowie an den Randbereichen der Schalen Nieten gesetzt, um ein Aufstehen des Materials zu verhindern.

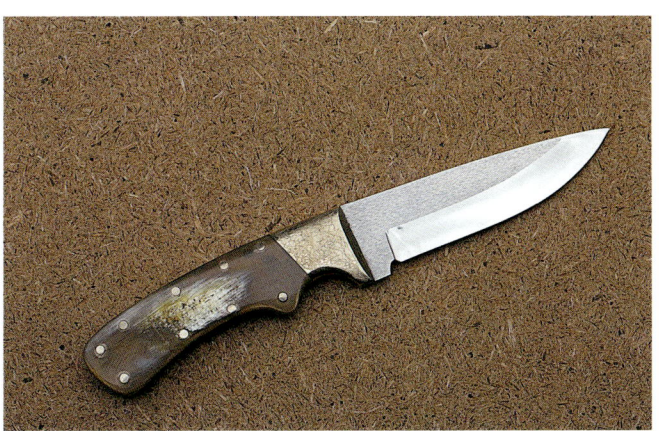

Messer mit Griff aus Kuhhorn

Antilopenhorn bietet sich schon von der Form her für einen Nicker an.

Schafhorn ist ein sehr dekoratives Material. Besonders das Horn von Wildschafen zeichnet sich durch eine attraktive Oberflächenstruktur aus. Das Wildschafhornmaterial ist wegen seiner Seltenheit relativ teuer.

Antilopenhorn gibt es in einer Vielzahl verschiedener Hornarten. Die meisten eignen sich für Steckangelklingen.

Andere Naturmaterialien

Knochen

Oosic ist der Penisknochen des Walrosses und eignet sich gut für Steckangelmesser, da er oft schon die richtige Griff-

Oosic, der Penisknochen des Walrosses, eignet sich für Messergriffe.

stärke hat. Oosic ist ein sehr dekoratives und seltenes Material. Je nach Alter und Einfluss von Mineralien aus der Erde des Fundortes variieren die Farben von Hellbraun überBlau bis Dunkelbraun. Das Material lässt sich sehr gut polieren und ist relativ hart. Artenschutzbestimmungen der CITES (Convention of International Trade in Endangered Species of Wild Fauna and Flora) beachten!

Knochen werden auch sonst in vielen Varianten als Messergriffmaterial eingesetzt, so z. B. Schienbeinknochen von Kühen, Pferden, Knochen von Hirschen, Kamelen, Giraffen und anderen Tieren. Die Verarbeitung ist einfach und das Resultat besonders bei rustikalen Messern sehenswert.

Knochen lassen sich gut stabilisieren und einfärben. Siehe stabilisiertes Holz.

Perlmutt

Dieses wunderschöne Griffmaterial hat eine lange Tradition. Schon früh nutzte der Mensch die schillernde Muschelschale für Schmuckstücke.

Echtes Perlmutt ist relativ teuer. Die Bearbeitung ist nicht unproblematisch, denn das Material ist sehr hart und springt daher leicht. Perlmutt eignet sich gut für Sammlermesser (Dolche etc.) oder kleinere Taschenmesser. Für größere Gebrauchsmesser und robusten Einsatz ist Perlmutt wegen seiner Empfindlichkeit weniger geeignet. Es ist aber auch eine Kostenfrage, da größere Stücke mit ausreichender Stärke sehr teuer und für den aktiven Einsatz einfach zu schade sind.

TIPP

Beim Bohren von Perlmutt müssen neue, scharfe Bohrer mit möglichst spitzem Winkel benutzt werden. Die Rückseite des Materials wird mit Klebeband abgeklebt, damit das Material beim Durchbohren nicht ausbricht. Eine Wasserkühlung verhindert zu starke Erwärmung!

Messer mit Griff aus Perlmutt und künstlichem Stein

Messer mit Elfenbein-Griffschalen und eingesetzten Granaten und Rubinen, Klinge aus RWL34, Backen aus Mokume

Der Rohstoff Mammut-Elfenbein und Griffschalen daraus auf einem Messer

Mammut-Elfenbein in verschiedenen Qualitäten

Im Spezialhandel kann man weißes Perlmutt und, je nach Verfügbarkeit, manchmal auch das seltenere, in allen Farben schillernde Abalone kaufen.

Elfenbein

Afrikanisches oder indisches Elfenbein ist nur begrenzt und mit CITES-Bescheinigung auf dem freien Markt verfügbar.

Fossiles Elfenbein ist eine gute Alternative zu Elefanten-Elfenbein. Mammut-Elfenbein hat den Vorteil, dass es ohne Einschränkungen gehandelt wird. Die Außenhaut weist je nach Mineralgehalt der Erde, in der es gelagert war, Verfärbungen auf, die dem Griff eine besondere Note verleihen.

Nennenswerte Fundstätten liegen in Alaska und in Sibirien. Dort gibt die Erde das Elfenbein der Mammuts frei, da der Dauerfrostboden infolge der globalen Klimaerwärmung

abzutauen beginnt. Mammut-Elfenbein ist mindestens
10 000 Jahre alt. Ein Messer mit einem Griff daraus sollte in
keiner anspruchsvollen Messersammlung fehlen!

Warzenschweinhauer

Die Eckzähne des Warzenschweins sind ein gut geeigne-
tes Material für Steckangelklingen und lassen besonders das
Herz des Großwildjägers oder Safarigängers höher schlagen.

Warzenschweinhauer eignen sich auch für Scrimshaw. Bei
der Auswahl von Warzenschweinhauern sollten Sie vorher
probieren, denn es gibt rechte und linke, die unterschiedlich
in der Hand liegen.

Messer mit Griff aus einem Warzenschweinhauer

Beschläge

Backen lassen sich aus Metallen, aber auch durchaus auch
anderen Materialien wie Horn, Kunststoff o. Ä. herstellen.
Messing ist sehr gut zu bearbeiten, läuft aber schnell stark
an. Polieren ist hier Pflicht!
Bronze – die erste für den Werkzeugbau geeignete Legierung
der Menschheitsgeschichte – erfreut sich zunehmender
Beliebtheit als Beschlagmaterial. Ihr warmer Glanz und die
edle Patina üben einen besonderen Reiz aus. Nachteilig ist,
dass sich Bronze nicht leicht bearbeiten lässt. Gute Feilen,
die möglichst noch nicht mit Stahl in Berührung kamen, sind
Voraussetzung für befriedigende Ergebnisse.

Mokume-Platten

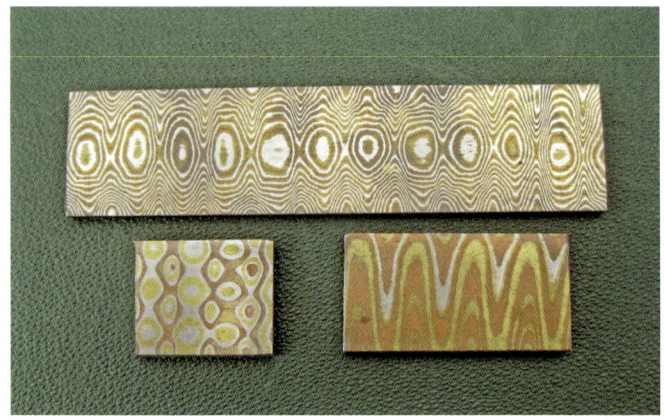

Aluminium ist sehr gut zu bearbeiten, wird aber mit der Zeit matt.

Neusilber ist ebenfalls gut zu bearbeiten, wird allerdings beim Einsatz von Maschinen schnell heiß. Es läuft mäßig an.

Mokume wird hergestellt, indem dünne Messing-, Kupfer-, Neusilber- und/oder Sterlingsilberbleche in metallisch blankem Zustand aufeinandergestapelt, bis kurz vor den Schmelzpunkt erhitzt und dann miteinander verpresst werden. Bei der Bearbeitung treten die einzelnen Schichten hervor. In einem der folgenden Kapitel wird die Herstellung von Mokume beschrieben.

Meteoreisen eignet sich gut für Backen, da geätztes Meteoreisen ein typisches und dekoratives Muster zeigt, das an Eis-

Messer mit einem Handschutz aus Mokume und Mammut-Elfenbein-Griffschalen

Hier sind die „Widmannstäten-
schen Figuren" auf dem Meteoreisen gut zu sehen.

blumen erinnert. Das Muster wird „Widmannstätensche
Figuren" genannt. Meteoreisen ist selten und teuer.
Rostfreier Stahl ist schwer zu bearbeiten, behält aber den
Glanz.
Silber ist schön, aber teuer.

Stifte, Nieten und Fangriemenrohr

Stifte

Buntmetallstifte wie Messing, Neusilber und Kupfer eignen
sich als Nieten sehr gut.
Stahlstifte sind ebenfalls gut geeignet, doch bleiben beim
Polieren eines weicheren Griffmaterials die harten Stahlnie-
ten gerne stehen: Die Umgebung wird abgetragen, sodass
die Stifte anschließend etwas hervorstehen.

Griffschale mit Mosaic-Pins

TIPP

Den Abschluss einiger einfacher Messer kann auch mit einer Hutmutter gestaltet werden. Dabei sollten aber rostfreie Hutmuttern verwendet werden. Sie können im Seglerbedarf-Fachhandel gekauft werden.

Mosaic-Pins entstehen, indem Messingrohre mit Neusilber- und/oder Kupferstangen gefüllt und die Zwischenräume mit schwarzem Epoxidharz ausgegossen werden.

Nieten

Schraubnieten werden neben Stiften auch gerne verwendet. Diese Nieten sind etwas aufwendiger in der Verarbeitung, haben aber den Vorteil, dass man eine sehr gute Befestigung des Griffmaterials erzielt.

Cutlery-Rivets sind zweiteilige Nieten, die besonders bei Küchenmessern und bei Schlachtermessern zum Einsatz kommen. Diese Nietenform findet z. B. beim originalgetreuen Nachbau von Messern aus der amerikanischen Pionierzeit Verwendung. Vor dem klassischen Bowie-Knife wurden damals in der „Neuen Welt" Schlachtermesser und Abhäutemesser benutzt.

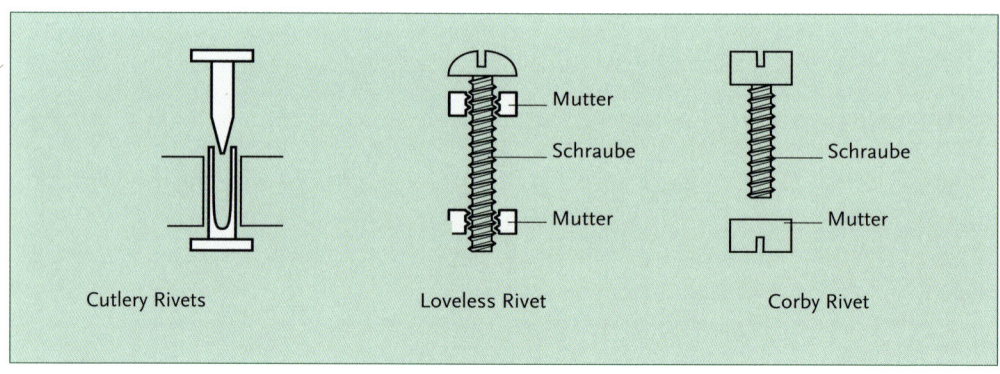

Cutlery Rivets　　Loveless Rivet　　Corby Rivet

Querschnittszeichnung verschiedener Nietenformen und deren Funktionsweise

Fangriemenrohr

Der Zweck einer Fangriemenöse besteht neben designerischen Aspekten im Anbringen eines Fangriemens zur Sicherung des Messers.

Outdoor- und Überlebensspezialisten nutzen die Fangriemenöse auch, um das Messer an einem Stock befestigen zu können, und so eine Art Speer, z. B. zum Fischen von Fischen, herzustellen.

Das Fangriemenrohr besteht aus Messing, Neusilber, Sterlingsilber oder rostfreiem Stahl.

Werkzeuge und Maschinen

Sie brauchen nicht unbedingt jedes erdenkliche Werkzeug, aber manche Maschinen erleichtern die Arbeit doch ganz wesentlich. Was zur Grundausrüstung des Messerbauers gehört und welche weiteren Maschinen und Werkzeuge darüber hinaus nützlich sind, ist in den Kästen auf den Seiten 34 und 35 wiedergegeben.

Mit den im ersten Kasten aufgelisteten Werkzeugen, die in jedem Haushalt zu finden sind, können Sie auch auf dem heimischen Küchentisch mit dem Messermachen beginnen.

Weitere Werkzeug, Maschinen und Hilfsmittel, die die Arbeit erleichtern, gibt der obere Kasten auf Seite 35 wieder.

Tipps und Tricks

Nachfolgend noch ein paar Hinweise zu verschiedenen Werkzeugen:

Schlüsselfeilen Manche Schlüsselfeilen sehen nur wie Schlüsselfeilen aus. Achten Sie auf gute Qualität – sie gibt es

Werkzeugsammelsurium

Die Grundausrüstung		Bohrmaschine
		Bohrer, 2–10 mm
		Bohrschraubstock
		Feilen: Flach-, Halbrund- und Schlüsselfeilen
		Schmirgelleinen, versch. Körnung
		Schraubstock
		Schleifset
		Klebeband
		Epoxidharz
		Bügel- und/oder Juweliersäge
		Aceton oder Spiritus
		Messschieber
		Zwingen
		Hammer (200 g)
		Schleifbock
		Reißnadel
		Schraubendreher

nur in einem Fachgeschäft. Auch wenn Sie das Messermachen nur als Hobby betreiben, ist für Ihre Feile der Stahl genauso hart wie für die eines Profi-Messermachers. Eine vernünftige Schlüsselfeile kostet so viel wie ein ganzes Set aus dem Baumarkt.

Schraubstock Fertigen Sie sich für den Schraubstock Schutzbacken aus Aluminium. Die Klinge wird grundsätzlich nicht ohne Schutz eingespannt.

Spezialfeile Rostfreier Edelstahl lässt sich am besten mit einer Spezial-Feile bearbeiten. Solche Feilen sind sehr teuer und dürfen keinesfalls für Messing oder Holz verwendet werden. V2A ist sehr zäh und schmiert die Feilen zu.

Halter für Schmirgelleinen Fertigen Sie sich aus Feilenheften und Messingstangen verschiedene Halter für Schmirgelleinen. Das ist sicherer, als das Schmirgelleinen um eine Feile zu legen. Bei einer ungeschickten Bewegung kann das Schmirgelleinen verrutschen und die Feile verursacht dann eine tiefe Kerbe. Bei Messing ist das nicht der Fall.

- [ ] Hartmetallbohrer
- [ ] Mechanikerschraubstock
- [ ] Bandschleifer
- [ ] Schleiftrommeln
- [ ] Bandsäge
- [ ] Polierscheibe und Poliermittel
- [ ] Tellerschleifer
- [ ] Biegsame Welle
- [ ] Haarlineal
- [ ] Durchschlag
- [ ] Seitenschneider
- [ ] Fächerschleifer
- [ ] Schleifblock aus Hartgummi

Optionales Werkzeug

- [ ] Vorschriften im Umgang mit Maschinen beachten
- [ ] Staubschutz und Atemschutz beim Schleifen
- [ ] Vorsicht bei Klebern und Lösungsmitteln
- [ ] Klingen immer mit Klebeband abkleben
- [ ] Verbandzeug bereithalten
- [ ] Schutzbrille tragen
- [ ] Vorsicht beim Umgang mit Säuren und ätzenden Flüssigkeiten
- [ ] Handschuhe, Schutzbrille und Atemschutz tragen
- [ ] Für gute Durchlüftung sorgen; bei der Arbeit mit Lösungsmitteln und ätzenden Flüssigkeiten am besten im Freien arbeiten

Werkzeugbenutzung und Sicherheit

Messer aus Bausätzen

„Es ist noch kein Meister vom Himmel gefallen" – das gilt auch für den Eigenbau von Messern. Einen guten Einstieg in das Handwerk bieten Bausatz-Messer, mit denen der Ungeübte erste Erfahrungen sammeln kann.

Jedem Anfänger kann nur dringend empfohlen werden, zumindest ein Bausatzmesser gebaut zu haben, bevor er sich an „höhere Weihen" wagt.

Nicker

Auf vielen Jagdmessen werden die verschiedensten Nicker- und Messerklingen angeboten, aber eine einfache Bauanleitung fehlt. Dabei ist es sehr einfach, eine Messerklinge mit Hirschhorn zu beschalen. Ein paar Tricks und Kniffe und auch etwas handwerkliches Geschick gehören schon dazu – und natürlich einfachste Heimwerker-Werkzeuge.

Industrieklingen ausreichend

Das Messermachen ist eine Kunst für sich. Man kann dabei viel Aufwand treiben und eine Menge technischer Raffinessen anwenden. Im Prinzip ist es aber doch recht einfach, gerade wenn man die Klinge fertig kauft: Dann fallen die aufwendige Arbeit an der Klinge und das komplizierte Härten des Stahls schon einmal weg.

Außerdem kann man bei guter Industrieware davon ausgehen, dass die Qualität deutlich besser ist als das, was der Laie bei seinen ersten Versuchen zustande bringt.

Individuelle Griffgestaltung

Anders ist das bei der Gestaltung des Griffes. Da kann man auch als Anfänger einen großen Qualitätsvorsprung gegenüber einfacher Industrieware herausholen. Gerade beim Anpassen der Griffschalen kommt die Passarbeit in

Messerklinge und Hirschhornschalen, wie man sie fertig kaufen
kann

großen Firmen oft etwas zu kurz. Möchte man nur ein Messer machen und muss man mit dem Bau von Messern nicht
seinen Lebensunterhalt erwirtschaften, dann führt hier
zusätzlich investierte Zeit zu besseren Ergebnissen.

Hirschhorn – ein guter Anfang

Bei der Griff-Beschalung ist für den Anfänger Hirschhorn
eine gute Wahl, denn die Außenform der Griffe ist mit diesem Material schon vorgegeben. Das Problem, bei der
Gestaltung völlig symmetrische Seiten herstellen zu müssen,
entfällt hier: Natürlich gewachsene Hirschhornschalen sind
immer etwas unterschiedlich.

Den Erl überarbeiten

Die Klinge des Nickers ist fertig bearbeitet, der Erl ist noch
roh und von der Gesenkschmiede her verzundert. Das stört
weiter nicht, man sollte aber als Erstes die Seiten des Erls mit
einer Feile, über die man Schleifleinen gelegt hat, sauber ein-
ebnen. Meist stehen an den Rändern noch Grate.
Zum Einspannen in den Schraubstock verwendet man
Schonbacken aus Aluminium. Dann wird die Stelle zwischen
Parierstange und Erl sauber und rechtwinklig ausgearbeitet.
Hier fallen ungleichmäßige Passungen als Erstes auf. Hat
man die Klinge und den Erl so weit vorbereitet, wird die Klinge zum Schutz (des Menschen!) mit Klebeband umwickelt.

Oben: Der markierte Klingenbereich ist beim Gesenkschmieden meist ungenau gearbeitet. Hier müssen Sie für eine gute Passung der Griffschalen die Schulter mit einer Feile ganz genau rechtwinklig feilen.

Mitte: Jetzt passt die Griffschale.

Unten: Sieht man nach dem Verkleben aus dieser Position keinen Spalt mehr, ist das ein Zeichen von sauberer Arbeit und guter Qualität!

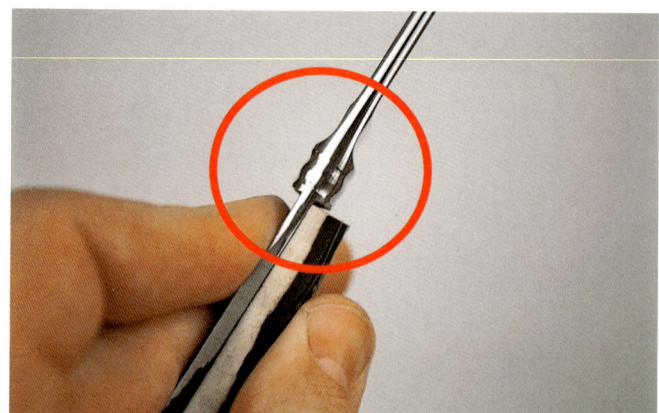

TIPP

Nach dem Anpassen kennzeichnen wir die rechte und linke Schale auf der Innenseite. Das erspart böse Überraschungen nach deren Befestigung ...

Sind die Schalen auf beiden Seiten gut angepasst, kommt als nächste Schwierigkeit das Bohren der Nietlöcher. Mit einem kleinen Trick ist das aber kein Kunststück. Zuerst wird die Schale einer Seite angehalten und fest angedrückt. Im Schraubstock geht das hervorragend. Dann bohrt man von der Seite des Erls, dabei die Löcher im Erl als Führung nutzend.

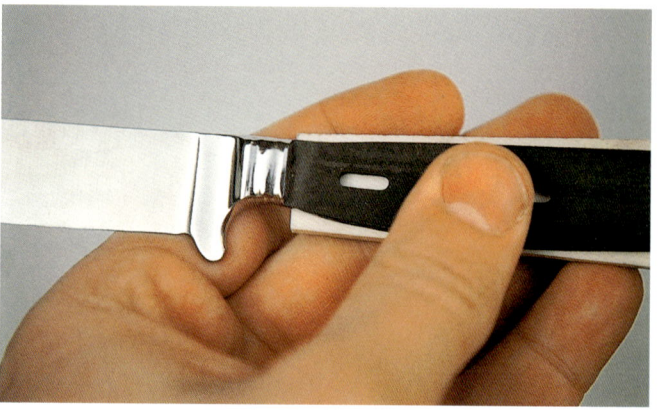

Griffschalen

Als Nächstes werden die Schalen aus Hirschhorn vorbereitet. Dazu kontrolliert man die Auflagefläche der Schalen:
sie muss völlig eben sein. Außerdem müssen die Schalen so
groß sein, dass sie an allen Seiten etwas über den Erl hinaus-
stehen. An den vorderen Schmalseiten zum Handschutz hin
müssen die Schalen sauber abschließen.

Ausrichten der Schalen

Das ist der einfache Teil gewesen, denn die Löcher brauchen ja noch nicht zu fluchten. Um die schon gebohrte Griffschale festzulegen, werden aus genau passendem Messing-
draht Nieten hergestellt. Dabei reicht es vorläufig, rund
5 cm lange Stücke abzuschneiden und durch die Löcher in
der Griffschale in den Erl zu stecken. Das fixiert die schon
gebohrte Griffschale fest genug.

Dann wird die zweite, noch nicht gelochte Griffschale
angehalten, ausgerichtet, und im Schraubstock wird das
Paket fest eingespannt. Nun kann vorsichtig einer der Mes-
singstifte herausgezogen werden. Durch dieses Loch der
Griffschale führt man den Bohrer und bohrt so die gegen-
überliegende Griffschale genau fluchtend. Der Messingstift
wird dann durch das Loch komplett hindurchgeschoben, und
man bohrt die anderen Löcher ebenso.

An den wieder abgenommenen Griffschalen senkt man
die Nietlöcher auf der Innenseite reichlich an, denn hier soll

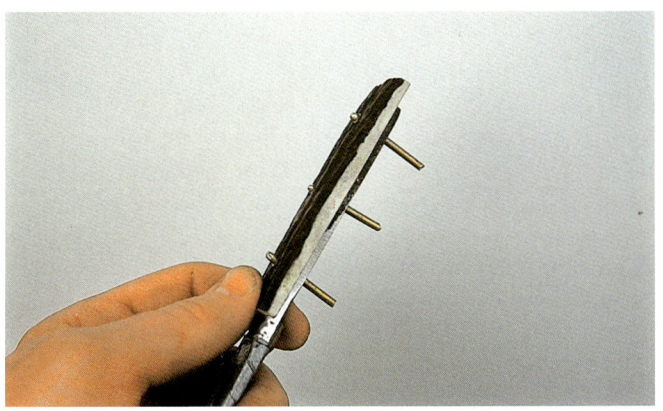

**Die erste Griffschale ist gebohrt
und verstiftet.**

evtl. abgeschabtes Material der Nieten aufgenommen werden. Wäre der Platz dort nicht vorgesehen, würde beim Einschlagen der Nieten eventuell abgeschabtes Material die Griffschalen anheben. Die Außenseite der Hirschhornschalen wird nur ganz leicht angesenkt, um die kleinen Absplitterungen vom Bohren zu entfernen.

Vorbereitung der Nieten

Die Nieten werden für die Montage vorbereitet, indem die Messingstäbe (am besten 3-mm-Messingstäbe aus dem Baumarkt) reichlich lang zugeschnitten werden. Dann werden die Schnittflächen mit der Feile gerade gefeilt.

Man klemmt nun einen der Stifte in den Schraubstock, sodass er etwa einen halben Zentimeter über die Backen hinaussteht. Mit einem leichten Hammer und vielen leichten Schlägen wird aus dem Ende des Nietes ein Kopf geformt. Wichtig ist es, den Kopf schön rund auszuformen und nicht mit einem mächtigen Schlag den ganzen Niet in sich zu verbiegen oder zu stauchen. Das andere Ende des Nietes wird vorerst etwas angespitzt, damit man es leichter durch die Löcher schieben kann.

Vor der Bearbeitung der Vorderseite am Handschutz werden die Griffschalen ein letztes Mal angepasst. Bei drei Nieten werden zwei von einer Seite und ein Niet von der entgegengesetzten Seite eingesetzt. Die Griffschalen müssen sauber am Erl anliegen und auch an der Vorderseite fugenlos passen.

Handschutz berücksichtigen

An der Vorderseite der Griffschalen werden der Verlauf und die Form des Handschutzes aufgezeichnet, damit man die Griffschalen nachher ohne die Klinge besser bearbeiten kann. Die Griffschalen werden von der Klinge abgenommen und mit den Nieten wieder zusammengesteckt, danach mit Klebeband fixiert.

So vorbereitet schleift man die Griffschalen vorne bis auf die Markierung herunter, damit sie dann am Handschutz besser abschließen. Dazu kann man entweder einen Bandschleifer nehmen, oder konventionell mit Raspel, Feile und

Die Griffschalen sind an der Vorderseite angezeichnet und können so passgenau abgearbeitet werden. Nach der Montage der Griffschalen kann man diese Stelle nur schlecht erreichen.

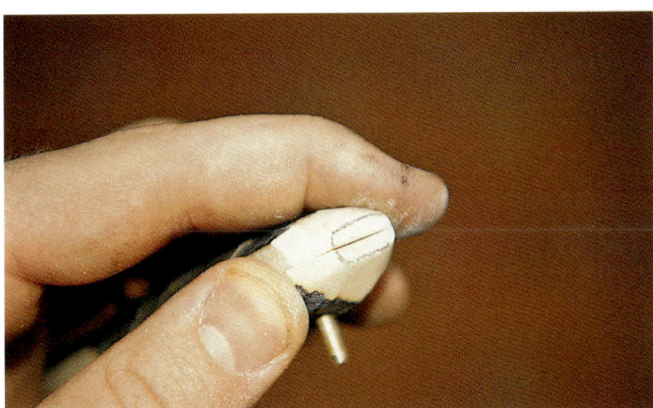

Die Griffschalen sind abgearbeitet und poliert.

Das Messer ist für das Verkleben vorbereitet.

Sandpapier arbeiten. Das Schöne an der Verarbeitung von Hirschhorn ist, dass man dabei nicht viel polieren muss, da die äußere Struktur erhalten bleiben soll.

Die Griffschalen sind damit fertig für die Montage.

Montage: Kleben ...

Früher wurden die Griffschalen nur vernietet, das ist auch heute noch bei vielen Herstellern der Fall. Bei eigener Handarbeit kann man natürlich mehr Aufwand treiben und dadurch die Qualität verbessern. Man sollte sich schon die Mühe machen und die Griffschalen verkleben.

Zum Verkleben eignen sich moderne Zwei-Komponenten-Kleber, die entweder aus zwei Tuben mit halbflüssigem Inhalt (Harz und Härter) oder aus einer Tube und einem Pulver bestehen. Bei der Verarbeitung des Klebers sollte man peinlichst genau darauf achten, die zu klebenden Flächen sauber zu entfetten (mit Aceton oder Spiritus) und dann nicht mehr mit den Fingern anzufassen. Bevor man den Kleber anrührt, legt man sich die Einzelteile des Messers richtig hin, damit dann beim Kleben jede Griffschale auch auf die richtige Seite kommt.

Der fertig angerührte Kleber – die genaue Anleitung liegt jeder Packung bei – wird zuerst dünn auf die eine Seite des Erls und die entsprechende Seite der Griffschale gestrichen. Zwei der drei Nieten werden durch die Griffschale gesteckt, nicht ohne zuvor die Spitzen der Niete in den Kleber getaucht

TIPP

Verklebte Griffschalen sitzen fester als nur vernietete, außerdem sammeln sich unter ihnen weder Schweiß noch sonstige Feuchtigkeit, die das Metall oder das Hirschhorn angreift.

Vor dem Verkleben sollte man sich alle notwendigen Dinge bereitlegen, damit nachher alles in einem Zuge vonstatten geht.

Die mit „Rechts" und „Links" markierten Griffschalen werden, wie der Erl, mit Aceton entfettet.

Zwei Nieten fixieren die erste mit Kleber dünn eingestrichene Griffschale. Kleber wird vorher auch auf die entsprechende Seite des Erls aufgebracht.

zu haben. Nun wird die Griffschale mit den darin steckenden Nieten an den Erl gesteckt. Dann bestreicht man die andere Seite des Erls und die zweite Griffschale leicht mit Kleber und führt die Schale durch die Niete bis auf den Erl.

Alles wird zusammengedrückt und der dritte Niet mit Kleber bestrichen und ebenfalls eingesetzt. Damit sich beim Trocknen nichts verschiebt, werden die Teile mit einer Leimklammer zusammengehalten.

Es ist völlig verkehrt, die beiden Griffschalen mit dem Schraubstock kraftvoll zusammenzuzwängen, dabei wird nur der Klebstoff aus dem Verbund herausgedrückt. Noch schlimmer: Eine leicht gebogene Griffschale würde gerade-

Die zweite Schale wird mit Kleber bestrichen auf den Erl gesetzt und von dieser Seite die dritte Niete durchgesteckt. Eine oder zwei Leimklemmen halten die Griffschalen bis zum Aushärten des Klebers zusammen.

Nach dem Aushärten sollte überall etwas Kleber ausgetreten sein, mehr ist nicht notwendig!

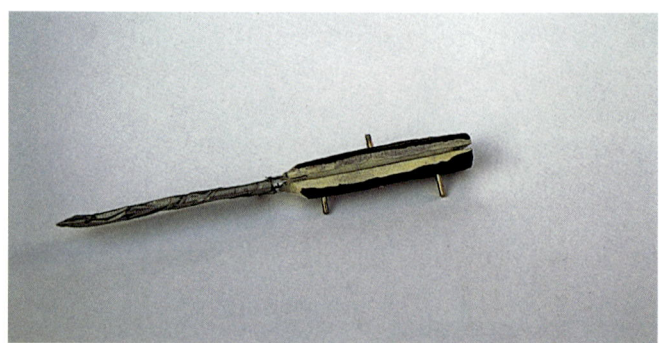

TIPP

Sind die Backen unseres Schraubstocks schon etwas „mitgenommen", klemmen wir einen größeren Hammer so dazwischen, dass wir auf der Hammerfläche nieten können.

TIPP

Niemals versuchen wir, den Niet mit einem einzigen heftigen Schlag zu stauchen! Er wird dann breiter oder krumm und sprengt die Griffschalen auseinander.

gebogen und in dieser Stellung festgeklebt. Nach Lösen des Schraubstockes ginge die Griffschale wieder in die alte Form zurück, und die Verbindung stünde dann unter Spannung.

... und nieten!

Ist der Klebstoff ausgehärtet, werden die Nieten vernietet. Dazu werden die überstehenden Enden (die noch nicht mit einem Nietkopf versehen sind!) bis auf einen halben Millimeter an das Hirschhorn heruntergeschliffen. Man nimmt die Klinge in die Hand und legt die bereits vernietete Seite auf die Backen des Schraubstocks.

Nun formt man mit dem leichten Hammer und vielen leichten Schlägen einen schönen halbrunden Kopf auf dem Niet.

Nacharbeiten

Stehen die Nieten zu weit über, kann man noch mit einer Feile, über die man etwas Schmirgelleinen legt, nacharbeiten. Aber Vorsicht: nicht das Hirschhorn anschleifen!

Nach dem Nieten wird der Griff mit einer Raspel außen in Form gebracht und so weit heruntergeraspelt, bis man auf das Metall der Klinge stößt. Dann kann man entweder mit einer Feile weiterarbeiten, sofern diese das Metall auch abträgt und nicht nur darüber hinweggleitet. Einfacher geht es aber mit Maschinenkraft: Die Schalen und das Metall werden in einem Zuge am Bandschleifer in Form gebracht. Zuerst wird einfach rechtwinklig geschliffen, bis man dann dazu übergeht, die Seiten leicht abzurunden.

Bei einfachen Gebrauchsmessern reicht es sicherlich, mit dem feinen Band des Bandschleifers in Richtung der Klinge zu schleifen, um einen gleichmäßigen Strich zu produzieren. Gibt man sich mehr Mühe, dann wird man mit Schleifleinen in den Körnungen 180, 240 und 400 den Griff und die Klinge polieren, immer mit der feineren Körnung im Winkel zu dem Strich der vorhergehenden, um die Riefen herauszuarbeiten. Mit 600er Schmirgelleinen werden die letzten Riefen beseitigt, dann wird an der Schwabbelscheibe poliert.

TIPP

Zwischen Handschutz und Griffschale befindet sich nach dem Verkleben der Griffschalen immer noch etwas Kleber, der entfernt werden muss. Am einfachsten geht das mit einer Messingstange, die man vorne zu einem Schaber geschliffen hat. Man kann damit an der Klinge nichts verkratzen, falls man abrutscht.

Die überstehenden Teile der Griffschalen werden mit Säge und Raspel entfernt. Dabei wird so weit geraspelt, bis man auf das Metall stößt.

Am Bandschleifer arbeiten wir den Griff so weit aus, bis die Griffschalen und das Metall plangeschliffen sind.

Den Abschluss der Arbeiten bildet das ausgiebige Reinigen des Messers mit Nagelbürste und Seife. Abschließend wird das Messer geschärft und mit einer Scheide versehen, aber das ist ein anderes Kapitel.

Flachangelmesser

Das folgende Projekt ist ein Messer mit einer Flachangel und Neusilberbacken mit einer fertigen Scheide. Wir lernen in diesem Projekt, die Backen und Griffschalen vorzubereiten, sie zu vernieten und fertig zu bearbeiten.

1. Arbeitsschritt: Backen vorbereiten

Die Backen sind meist gegossen und daher nicht ganz plan. Es ist folglich nötig, die Backenunterseiten plan zu schleifen, damit nach dem Vernieten kein Spalt zu sehen ist. Ein gutes Messer erkennt man daran, dass es keine sichtbaren Spalten zwischen Backen und Klinge gibt. Ein Experte wird diese Stellen bei der Beurteilung als Erstes in Augenschein nehmen. Außerdem kann sich in Spalten Feuchtigkeit und Schmutz ansammeln und Korrosion begünstigen.

Wir benötigen für das Planschleifen eine Glas- oder eine andere Platte mit einer ebenen und glatten Oberfläche, und einen Bogen 600er oder 400er Schmirgelleinen. Das Schmirgelleinen wird mit Klebestreifen an den Rändern auf der Platte befestigt. Dann ziehen wir die Backen mit kreisenden

Links: Messer aus einem Bausatz, bestehend aus der Klinge, den Backen, Nieten und dem Fangriemenrohr, außerdem Elfenbein und Platte aus gepressten Türkisresten aus der Schmuckherstellung
Rechts: Das fertige Messer

Die Backen werden exakt plan geschliffen. Regelmäßig wechselnd immer wieder im rechten Winkel zur vorangegangenen Richtung schleifen: Die neu entstehenden Riefen lassen erkennen, wo sich noch Dellen befinden.

TIPP

Bei satinierten Klingen führt nachträgliches Polieren der Backen zu hässlichen Glanzstellen, da man das Polieren nicht genau auf die Backen konzentrieren kann.

Bewegungen und mit Druck über das Leinen, bis die Auflagefläche plan ist.

Mit dem Rücken des Messschiebers, oder, wenn vorhanden, mit dem Haarlineal, wird die Backenauflagefläche geprüft.

Die Fläche, an der später das Griffschalenmaterial anliegt, feilen und/oder schleifen wir ebenfalls plan und rechtwinklig. Wir entgraten aber nicht, da die dabei entstehende Fase später sichtbar bliebe.

Dann werden die Stirnseiten der Backen poliert, denn wenn die Backen erst vernietet sind, ist dies sehr mühsam.

Poliert wird zweckmäßig mit einer Filzscheibe, die in die Ständerbohrmaschine eingespannt wird. Polierscheiben aus Filz und Poliermittel sind in Bastelbedarfsgeschäften oder Baumärkten erhältlich.

2. Schritt: Backen vernieten

Mit dem Handkegelsenker werden die Nietlochbohrungen an der Klinge und an den Backeninnen- und -außenseiten leicht angefast. Das Entgraten der Löcher schafft für das Nietmaterial Raum, beim Vernieten in die Fasen auszuweichen, und gibt dadurch zusätzlichen Halt.

Die Nieten werden auf ca. 2 bis 3 mm Überlänge an beiden Seiten abgelängt, mit Feile entgratet, und nun eine leichte Fase angefeilt.

Vernieten mit dem Hammer auf dem Amboss

Verpressen im Schraubstock

Jetzt steckt man die Nieten durch, sodass an beiden Enden etwa gleich viel Material vorsteht. Mit dem Hammer wird jetzt vernietet.

Man kann auch vernieten, indem immer wechselseitig beide Nieten im Schraubstock verpresst werden. Dabei ist darauf zu achten, dass die Backen symmetrisch bleiben. Das Vernieten muss mit so viel Anpressdruck erfolgen, dass die hervorstehenden Enden nahezu plan mit dem Backenmaterial werden und zwischen Backen und Klinge kein Spalt mehr sichtbar ist.

3. Schritt: Schalen aussägen und plan machen

Das Griffmaterial wird an den Auflageflächen zu den Backen plan und rechtwinklig gefeilt und/oder geschliffen und angepasst.

Das Griffmaterial schleifen wir an der Auflagefläche zur Angel hin plan, legen es mit der Stirnseite an die Backe an, und zeichnen mit einem Stift die Kontur der Angel auf das Material. Dann sägen wir die Kontur mit einer Bügelsäge aus und lassen dabei 2 bis 3 mm Material überstehen.

Sollten die bereits vorhandenen Bohrungen für die Nieten nicht zusagen, müssen in den gehärteten Stahl neue Löcher gebohrt werden. Dies kann nur mit Vollhartmetallbohrern geschehen.

4. Schritt: Schalen anbringen

Die Schalenauflageflächen werden ca. 2 bis 3 mm tief mit ein paar Sacklöchern versehen. Dies gewährleistet einen besseren Halt, da dort der Kleber nicht herausgepresst werden kann. Dann werden die Auflageflächen des Griffmaterials und der Angel mit Schmirgelleinen aufgeraut und mit Aceton entfettet.

Nun verkleben wir die erste Schalenseite mit Zweikomponentenkleber. Wir achten darauf, dass die Schale bündig mit der Backe abschließt.

Mit zwei kleinen Schraubzwingen werden die Schalen festgehalten. Das Griffmaterial darf nicht verrutschen – Zweikomponentenkleber wirkt wie Schmierseife! Nach ca. einer halben Stunde kontrollieren wir das Ganze noch mal.

TIPP

Achtung – Hartmetallbohrer sind sehr spröde! Das zu bohrende Material muss immer gut fixiert werden, um zu vermeiden, dass Schwingungen den teuren Bohrer zerstören. Außerdem wird immer in eine Unterlage gebohrt. Ansonsten bricht der Bohrer beim Durchstoßen des Metalles ab!

Bohren der Sacklöcher

Nachdem der Kleber getrocknet ist, werden die Nietlöcher
in die erste Schalenseite gebohrt; die Bohrungen in die Angel
dienen als Führung. Ein Bohrschraubstock verhindert zusätzlich schiefe Bohrungen.

Dann wird die zweite Schalenseite verklebt. Danach die
Nieten ablängen, anfasen und mit Schmirgelleinen aufrauen,
damit der Kleber besser hält. Kleber auf die Nieten auftragen,
durch die Nietlochbohrungen stecken und trocknen lassen.
Es ist nicht nötig, die Nieten zu verpressen, da der Kleber in
Verbindung mit den Stecknieten den Griffschalen genügend
Halt verleiht. Ein Verpressen der Nieten birgt das Risiko, dass
das Griffmaterial springt.

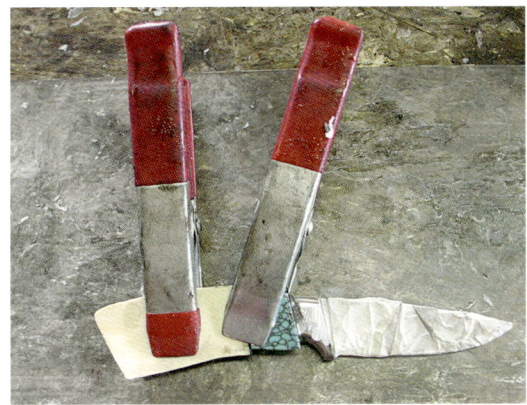

5. Schritt: feilen, schleifen und polieren

Griff und Backen werden mit Halbrund- und Flachfeilen auf die gewünschte Kontur gebracht. Sehr hilfreich bei der Bearbeitung der Radien und der Unterseite sind Gummischleifwalzen mit Schleifleinenhülsen oder Fächerschleifer, die es in verschiedenen Durchmessern gibt. Sie werden in die Ständerbohrmaschine eingespannt.

Nach dem Feilen beseitigen wir zuerst mit grobem und dann immer feinerem Schleifleinen alle Feilspuren. Zum Schluss polieren wir mit Polierwachs an der Filzscheibe.

Oben links: Eine Seite ist verklebt.
Oben rechts: Bohren der Schale
Unten links: Die zweite Schale ist verklebt.
Unten rechts: Die Nieten sind gesteckt.

Die Griffkontur wird geschliffen ...

... und poliert.

Griffbearbeitung: Werkzeuge und Hilfsmittel im Einsatz

Fächerschleifer, Schleifrollen, Filzschleifer

Fächerschleifer im Einsatz

Große Gummirolle im Einsatz

Kleine Schleifrolle im Einsatz

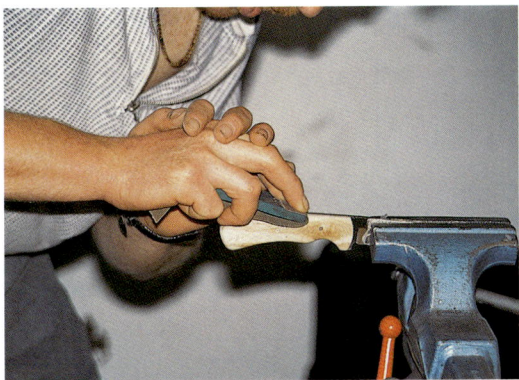

Schleifblock im Einsatz

Praktischer Halter selbstgebaut

Der Halter im Einsatz bei der
Politur der Klinge

TIPP

Vorsicht bei der Politur mit einer Schwabbelscheibe! Wurde damit vorher Buntmetall poliert, kann das Griffmaterial verfärben! Wir reinigen die Scheibe, indem wir ein altes Sägeblatt an die laufende Scheibe drücken. Eine teurere Lösung sind getrennte Scheiben für Metall- und Holzbearbeitung.

Wenn ein Band- oder Tellerschleifer zur Verfügung steht, lässt sich ein Teil der Schleifarbeiten auch damit erledigen.

Man kann das Holz auch mit *Danish Oil* behandeln. Dazu wird das fein geschliffene Holz mehrmals mit dem Öl eingelassen und, nachdem es gut getrocknet ist, mit feiner Stahlwolle fertig geschliffen. Zum Schluss polieren wir es mit einer alten Wollsocke.

Der Tellerschleifer ist hervorragend geeignet, um flache Stellen zu schleifen.

Der Bandschleifer eignet sich besonders für Rundungen und „Frei-Hand"-Arbeiten: Schrägschleifen der Flanke

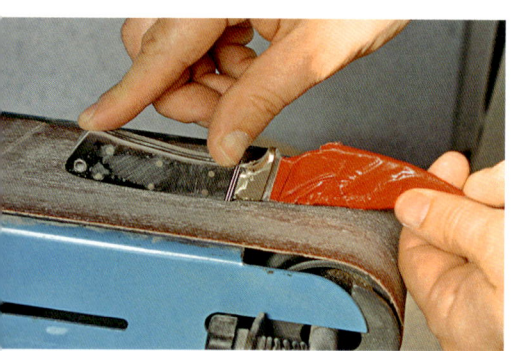

Schleifen des Rückens

Schleifen des hinteren Radius

Mit einem Magnet aus einem Lautsprecher kann man eine Klinge beim Flachschleifen gut halten.

Polierscheibe mit Hartwachs

Mit einer Polierscheibe wird die Politur auf das Messer aufgebracht.

6. Schritt: Scheide anpassen und ölen

Die Lederscheide in Wasser tauchen. Gut durchfeuchten lassen; ca. fünf Minuten. Das Messer in die Scheide stecken. Ist die Klinge nicht aus rostfreiem Stahl, die Klinge vorher einfetten. Das weich gewordene Leder mit den Fingern durch Druck an die Kontur des Messers anpassen. Auf die Fingernägel achten. Das Leder ist jetzt sehr weich und Fingernagelspuren sehen nicht gut aus. Das Messer herausziehen. Die Scheide evtl. nachformen und trocknen lassen, evtl. den Föhn zu Hilfe nehmen. Die Scheide mit Lederöl oder Fett behandeln.

Zu einem guten Messer gehört eine ebensolche Scheide.

7. Schritt: Schärfen mit Handelssets ...

Am einfachsten geht das Anbringen einer guten Schneide mit einem im Fachhandel erhältlichen Schleifset. Der Vorteil eines solchen Schleifsets liegt darin, dass man die Winkel wählen kann, und der Winkel immer gleich beibehalten wird.

Für das grobe Vorschleifen z. B. bei der Herstellung einer Klinge aus Flachstahl oder einer selbstgeschmiedeten Klinge nach dem Härten eignet sich eine Diamantfeile.

Für die anschließenden feineren Schärfarbeiten eignet sich ein Dreierset bestehend aus Diamantfeilen mit grober, mittlerer und feiner Körnung.

Ungeübten erleichtert das Lansky-Schärfset das Messerschärfen.

Diamantfeilen-Set

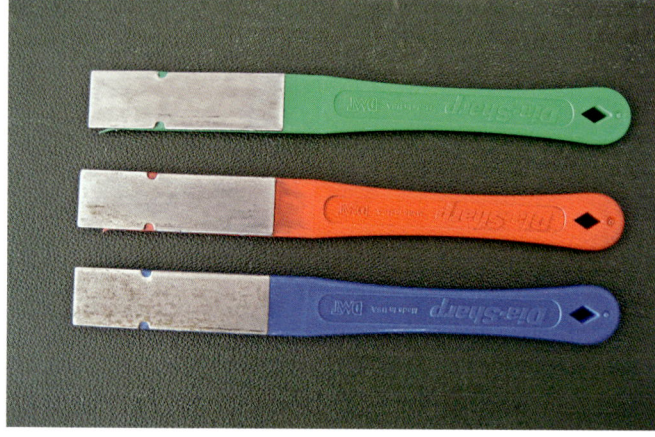

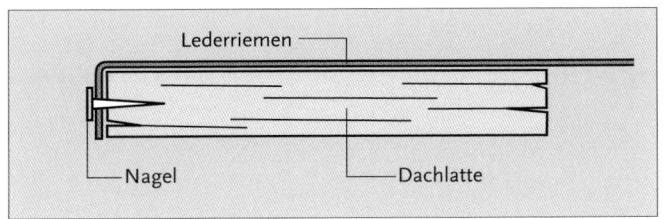

Lederriemen

Nagel — Dachlatte

Das Abziehleder gibt den letzten Schliff

Rostfreie, hochlegierte Stähle neigen beim Schleifen zur Bildung eines sogenannten Rollgrads: Es bildet sich ein feiner Grad, der sich nicht löst und beim Schleifen von der einen auf die andere Seite rollt. Diesen Rollgrad beseitigt man, indem man die Klinge durch ein Stück Hartholz zieht.

Abzuraten ist grundsätzlich von maschinenbetriebenen Schleifwerkzeugen, da es dabei leicht zu Überhitzungen im Schneidenbereich kommen kann, wobei das Messer zwar scharf wird, die Schneidhaltigkeit aber verloren geht.

Nach dem Schleifen sollte die Klinge noch an einem Lederriemen abgezogen werden. Dazu nimmt man am besten einen alten Ledergürtel und nagelt ihn an eine Dachlatte. Das beste Ergebnis erzielt man, wenn man das Leder mit einem Poliermittel für Metall einstreicht (ist im Polierset enthalten).

... oder mit japanischen Wassersteinen

Zur der legendären Schärfe der japanischen Schwerter trug neben dem ausgesuchten Stahl und der ausgefeilten Schmiedetechnik auch das Schärfen auf Wassersteinen bei.

Früher wurden Natursteine verwendet. Inzwischen sind die Lager aber fast erschöpft. Mit künstlich hergestellten Wassersteinen erzielt man aber auch exzellente Ergebnisse. Diese Steine zeichnet ein sehr homogenes Gefüge aus, was bei Natursteinen nicht immer gegeben ist.

Die Wassersteine bestehen aus einer weichen Matrix mit eingebetteten Schleifkörnern aus Metalloxiden, Karbiden und Nitriden. Durch die weiche offenporige Struktur des Steines werden während des Schärfvorgangs permanent neue frische Schleifkörner freigelegt.

Kombiwasserstein mit Körnungen
1 000 und 6 000, eingespannt in
eine Haltevorrichtung

Schärfen einer Schneidenseite auf
dem Japanischen Wasserstein

Vor dem Schärfen soll der Stein ungefähr zehn Minuten in
Wasser eingelegt werden, damit er sich vollsaugen kann.
Wassersteine gibt es in sehr grob für Schrupparbeiten bis zu
10 000er-Körnungen zum Polieren.

Für den Anfang hat sich ein Kombistein aus den Körnungen 1 000 und 6 000 bewährt.

Wichtig beim Schärfen ist, dass die Klinge plan aufliegt.
Sie wird mit beiden Händen gehalten und um den gewünschten Winkel gekippt.

Bei Küchenmessern bietet sich ein flacher Winkel an, während für ein Messer für den harten Einsatz eher ein steiler
Winkel angebracht ist.

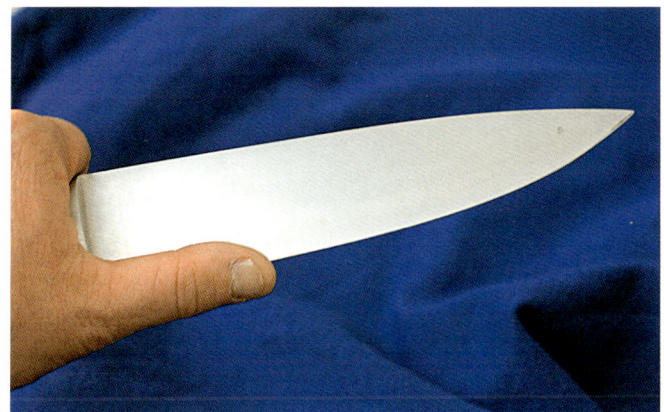

Prüfen des Grates

Eine Schärfhilfe erleichtert das
Einhalten des richtigen Schärf-
winkels.

Die Klinge wird in gleichmäßigen Bewegungen mit mäßi-
gem Druck über die gesamte Länge des Steins nach vorn und
zurück geführt. Man erkennt am Geräusch und an der Bildung von dunklem Abtrag, dass der Stein angreift.

An der Bildung eines Grates auf der gegenüberliegenden
Seite erkennt man, dass das Messer gedreht werden kann
und das Schärfen der Seite mit dem Grat fortgesetzt werden
kann. Dabei wird das Messer einfach in der Hand gedreht
und dabei darauf geachtet, dass der Winkel möglichst gleich
bleibt. Wenn auf der gegenüberliegenden Seite erneut ein
Grat entstanden ist, wird das Messer abermals gedreht und
dieselbe Prozedur noch einmal komplett auf beiden Seiten

Der Tomaten-Schärfetest: Das Messer wird ohne Druck über eine Tomate geführt. Wirklich scharf geschliffen, dringt es nur infolge seines Eigengewichts in die Tomate ein.

TIPP

Manche Firmen wie z. B. „Dick Feine Werkzeuge" bieten Schärfkurse an. Man kann auch eine Anleitungs-DVD erwerben.

wiederholt. Zwischendurch befeuchten wir den Stein immer wieder mit Wasser.

Zum Schluss wird die Schneide auf einem Stein mit hoher Körnung (ab 4 000) abgezogen und poliert. Dieser Vorgang wird mit relativ wenig Druck durchgeführt.

Um am Anfang ein Gefühl für den Winkel zu bekommen, kann man eine Schärfhilfe zur Hilfe nehmen.

Das Schärfen mit Wassersteinen erfordert etwas Übung, aber es lohnt sich!

In der Küche ist ein wirklich scharfes Messer ein Muss. Es zerteilt das Schneidgut und zerquetscht es nicht. Dadurch bleiben Vitamine und Aromastoffe im Gemüse. Das Schneiden von Zwiebeln erzeugt keine Tränen mehr.

Jagdmesser mit vorgefertigter Parierstange

Für dieses Projekt haben wir einen Bausatz mit Parierstange ausgewählt. Wir lernen dabei das Verlöten der Parierstange.

1. Arbeitsschritt

Die Parierstange wird auf die Klinge gesteckt und mit Filzstift der Bereich markiert, an dem sie mit der Klinge verlötet werden soll. Wir ziehen die Parierstange wieder ab und rauen

Messer mit aufgesteckter Parierstange

den Lötbereich vorsichtig mit auf einem schmalen Holzklotz aufgespannten Schmirgelleinen auf. Danach entfetten wir Klinge und Parierstange.

2. Schritt

Zuerst wird die Parierstange aufgesteckt und, wie bereits beschrieben, vernietet. Die Klinge wird mit der Spitze nach oben im Schraubstock festgeklemmt. Wir trennen ca. je 3 bis 4 mm lange Stücke Lötzinn ab und legen auf jeder Seite ein Stück davon in der Mitte auf den Lötspalt.

Mit dem Brenner erwärmen wir die Parierstange gleichmäßig. Wenn das Lötzinn zu schmelzen beginnt, halten wir die Flamme an die untere Seite der Parierstange. Das flüssige

TIPP

Flussmittel und Lötzinn sind im Fachhandel erhältlich. Achten Sie beim Lötzinn darauf, dass der Silberanteil möglichst hoch ist! Das Lötzinn des Elektronikbastlers erreicht nicht die nötige Festigkeit!

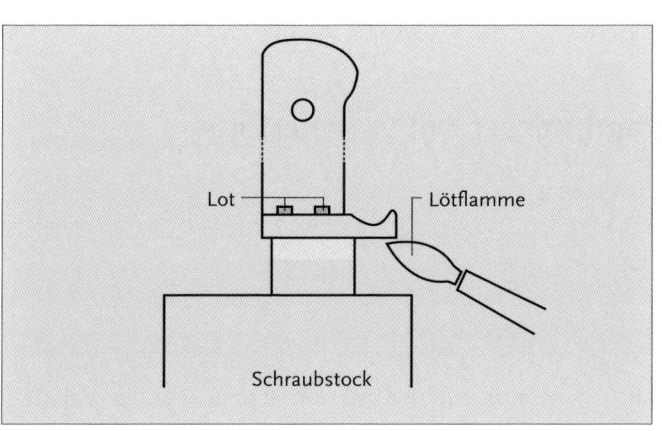

Verlöten der Parierstange

TIPP

Achten Sie darauf, dass möglichst wenig Hitze den Schneidenbereich der Klinge erreicht, da bei einem Zuviel Härte verloren gehen kann. Im Fachhandel sind Hitzestoppmittel erhältlich, die das Vordringen der Hitze in den kritischen Bereich verlangsamen.

Lötzinn wird nun durch die Kapillarwirkung in den Spalt gezogen.

Propangasbrenner, wie sie in jedem Baumarkt erhältlich sind, reichen für unseren Zweck aus.

Fischermesser ohne Griffabschluss

Es passiert sicherlich einmal, dass uns eine Klinge zwar ganz gut gefällt, wir aber die Form gerne etwas nach unseren Wünschen verändern möchten. In diesem Projekt lernen wir, dies mit dem Schleifbock zu tun.

Wir machen dabei aus einer vorgefertigten Jagdmesserklinge ein schlankes Messer für den Einsatz in der Sportfischerei.

1. Arbeitsschritt: Klingenform abändern

TIPP

Vorsicht: Tragen Sie beim Ausarbeiten der neuen Klingenform am Schleifbock in jedem Fall dicke Handschuh! Ansonsten besteht Verletzungsgefahr!

Die neue Kontur zeichnen wir mit Filzstift auf die Klinge auf und arbeiten das überschüssige Material am Schleifbock ab. Bevor er eine Klinge verdirbt, sollte der Ungeübte an einem Stück Flachstahl üben. Und nicht vergessen, die Klinge zwischendurch in Wasser abzukühlen. Eine überhitzte Klinge verliert die Härte.

Anschließend wird mit dem in der Bohrmaschine eingespannten Fächerschleifer die neue Kontur nachgearbeitet. Auch hier lassen wir größte Vorsicht walten und kleben die Schneide und Spitze der Klinge mit Klebeband ab.

Originalklingenform (oben) und geänderte Klinge (unten). Die unterschiedliche Lochanordnung war Zufall!

2. Schritt: Aussägen und Teilbearbeitung der Schalen

Für das Ausschneiden der Griffschalen fertigen wir zunächst Schablonen aus Papier oder Karton an, kleben sie auf das Griffmaterial und sägen dann die Schalen aus. Eine Schale wird an der Angel mit einer kleinen Zwinge befestigt. Die Nietlochbohrung als Führung nutzend, werden nun zwei Löcher in das Griffschalenmaterial gebohrt.

Die vorgebohrte Griffschale befestigen wir an der anderen Schale mit einer kleinen Zwinge und durchbohren sie ebenfalls.

Jetzt werden die beiden Schalen mit Nietstiften zusammengesteckt und dann der vordere Bereich des Schalenpaares gefeilt, geschliffen und poliert. Das muss vor dem Anbringen der Schalen an die Angel geschehen: Eine Bearbeitung der bereits befestigten Schalen in diesem Bereich ist sehr umständlich und schwierig.

Die Vorderseiten der Griffschalen werden vor der Montage an der Schwabbelscheibe poliert.

Das aus der geänderten Klinge gefertigte vollständige Messer

Klappmesser mit arretierbarer Klinge

Ein arretierbares Klappmesser hat eine geringe Transportlänge, seine Klinge ist geschützt und es kann variable Zusatzwerkzeuge aufnehmen. Sein Nachteil ist, dass die Mechanik verschleißanfällig und empfindlicher auf grobe Handhabung reagiert.

Das feststehende Messer bietet außerdem in der Regel einen Handschutz, es ist stabiler, leichter und einfacher zu reinigen.

Fazit: Es lohnt sich, mindestens zwei Messer zu besitzen: ein Klappmesser für das tägliche Mitführen und ein feststehendes Messer für besondere Zwecke – womit vor allem der Jäger und der Fischer angesprochen sind.

Zu Beginn empfiehlt es sich, den Bausatz zu montieren, um festzustellen, ob der Mechanismus richtig funktioniert und ob Nacharbeiten nötig sind. Ist alles in Ordnung, wird der Bausatz wieder demontiert.

Oben links: Der Bausatz für ein Klappmesser ...
Oben rechts: ... und das daraus entstandene fertige Messer
Unten links: Entgraten der Niete
Unten rechts: Die Platine wird plan geschliffen.

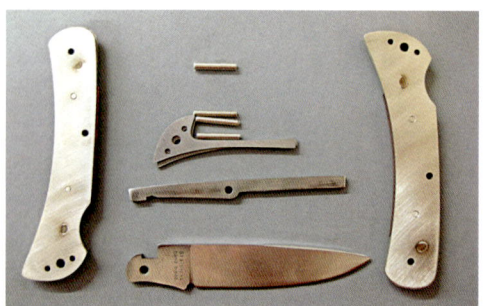

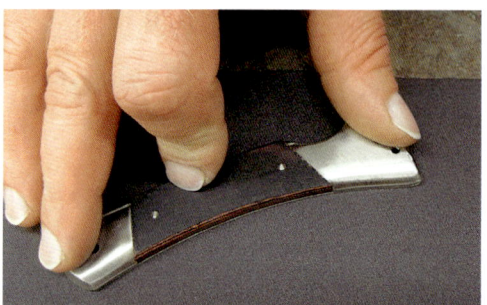

Nieten, Federn und Verriegelungsstück sind aufgesteckt.

Die Klinge wird eingehängt, dabei der Verschluss heruntergedrückt.

Jetzt werden die Klinge eingeschoben und die Niete eingesteckt.

Am Schraubstock werden die Nieten für die Feder vernietet.

Nach dem abschließenden Vernieten der hinteren Backen mit dem Hammer wird vorn ein 0,01 mm dünnes Blech zwischen Klinge und Platine platziert. Das verhindert, dass nach dem Vernieten der vorderen Backen die Klinge blockiert.

Das Messer ist fertig vernietet. Jetzt mit Feile, Schmirgelleinen finishen und dann polieren

Vom Bajonett zum klassischen Hirschfänger

Auch dieses Projekt wird gewissermaßen aus einem „Bausatz" gefertigt, denn das Bajonett, einst entworfen, um im Krieg Menschen zu töten, wurde im Lauf seiner Geschichte durchaus friedlichen, nämlich jagdlichen Zwecken zugeführt. Die folgende Beschreibung zeigt, wie man aus der Kriegswaffe einen Hirschfänger bauen kann.

Hirschfänger, aus einem Bajonett gefertigt

Die Einzelteile für den neuen Griff

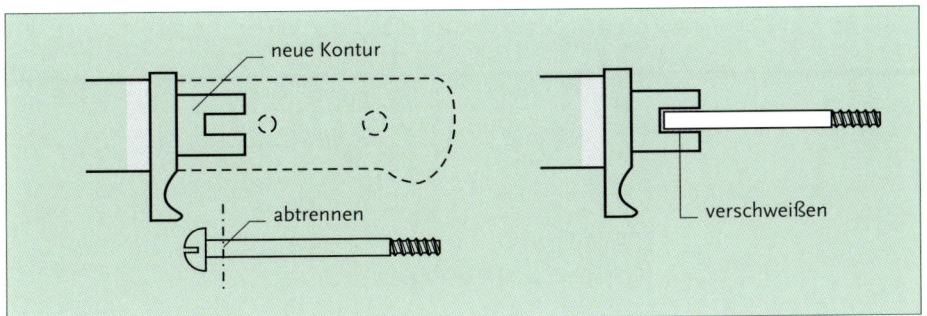

Der Waffenversandhandel bietet eine Vielzahl von Bajonett-Typen an. Für den im Foto gegenüber abgebildeten Hirschfänger wurde das Enfield Mk II ausgewählt.

Wir benötigen neben dem Bajonett eine Hornrolle, einen Satz Zubehör vom Fachhandel und eine lange Schlossschraube mit Mutter.

Die Griffschalen müssen entfernt und die Flachangel so abgesägt werden, dass an dem verbleibenden Rest die Schlossschraube angeschweißt werden kann.

Die Beschläge müssen bearbeitet werden, d. h. Gussnähte werden abgeschliffen und poliert.

Die Hornrolle und die Beschläge aufeinander abstimmen, die angeschweißte Schraube auf die richtige Länge bringen, sodass sie von der Mutter und dem Knauf erfasst werden kann. Die Bauteile zusammenfügen und verschrauben, und schon ist der Hirschfänger fertig.

Das Ändern der Klinge sollte nach dieser Zeichnung kein Problem bereiten.

Messer komplett selbst gebaut

Nachdem wir unsere ersten Erfahrungen mit den Bausätzen gewonnen haben und die Ergebnisse hoffentlich zur Zufriedenheit ausgefallen sind, können wir uns jetzt an die erste selbst gemachte Messerklinge heranwagen. Nur Mut – auch diese Aufgabe ist kein Hexenwerk.

Der Fachhandel bietet Flachmaterial in verschiedenen Qualitäten an. Legt man Wert auf rostfreie Qualität und will man auf das Selbsthärten verzichten, kann man ruhig einen hochlegierten Werkzeugstahl nehmen. Hier sind z. B. 440 C oder ATS 34 eine gute Wahl.

Wollen wir die Klinge unseres Messers dagegen auch selbst härten und anlassen, empfiehlt sich ein Kohlenstoffstahl.

Kohlenstoffstahl ist erste Wahl

Das Lohnhärten kostet für ein Messer mit mittlerer Abmessungen um die 15 Euro. Diese Angabe kann natürlich nur unverbindlich sein, da Preise naturgemäß einem Wandel unterworfen sind.

In dem folgenden Kapitel gehen wir auch auf das Schmieden von Klingen ein. Da sich hochlegierte Stähle nur sehr schwer mit Hammer und Amboss schmieden lassen, bietet sich hier, wie zur Zeit unserer Vorfahren, der Kohlenstoffstahl an.

Neben dem Nostalgieeffekt kann ich dem Kohlenstoffstahl auch andere gute Seiten abgewinnen. Er ist gutmütig bei der Verarbeitung und er verzeiht Fehler beim Schmieden eher als seine legierten Brüder. Kohlenstoffstahl lässt sich leicht schleifen und man erzielt hervorragende Schneiden mit guter Schneidhaltigkeit. Ein Problem des Kohlenstoffstahls ist seine Korrosionsanfälligkeit. Aber auch gegen diesen Nachteil kann man etwas tun.

Flachangelmesser aus dem Vollen gearbeitet

Beim folgenden Projekt lernen wir das Herstellen einer Klinge, der Backen und des Griffabschlusses aus Flachmaterial.

Flachangelmesser aus dem Vollen – Materialliste

- Flachstahl, ca. 4 x 40 x 110 mm
- Neusilber flach, ca. 6 x 30 x 30 mm
- Neusilber-Stifte, 3 mm, rund

1. Arbeitsschritt: Klinge aufreißen

Die gewünschte Klingenform wird auf Pappe aufgezeichnet, ausgeschnitten und als Schablone zum Aufreißen der Kontur auf den Stahl benutzt

Stahl mit aufgerissener Kontur

2. Schritt: Klinge aussägen und auf Endkontur bringen

Etwa 3 bis 4 mm neben der Endkontur setzen wir Bohrungen und sägen mit der Bügelsäge die Grobform aus. Bei den Hilfsbohrungen für das Aussägen können auch schon die Bohrungen für die Griffnieten und für die Backen angebracht werden. Die Klinge wird dann auf Endkontur gefeilt oder mit dem Bandschleifer und Schleifrollen geschliffen.

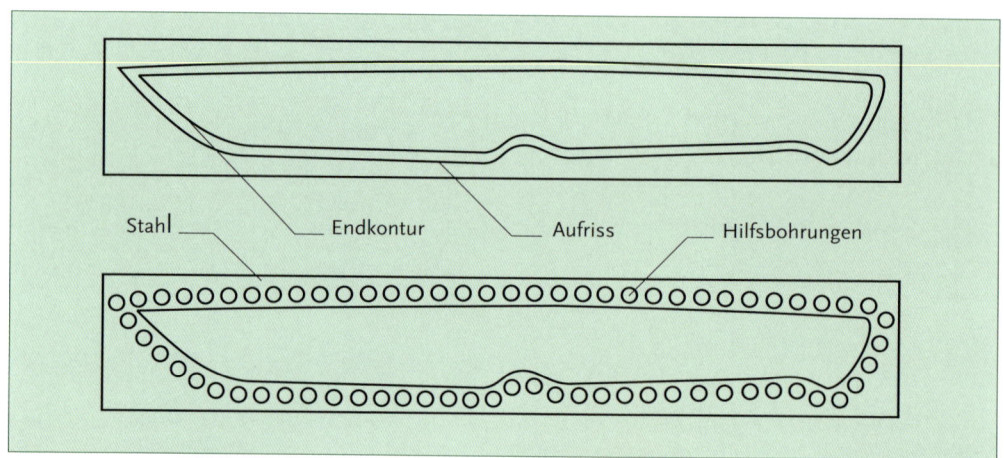

Stahl — Endkontur — Aufriss — Hilfsbohrungen

Oben: Die Klinge wird aufgerissen und an der Linie mit Bohrungen umgeben.
Mitte links: Bohren der Hilfslöcher für das Aussägen der Klinge
Mitte rechts: Messermacher beim Aussägen der Klingenform
Unten: Die Außenkontur ist hergestellt.

3. Arbeitsschritt: Schneide feilen

Die Mitte der Klinge wird angerissen, damit man von beiden Seiten gleichmäßig arbeiten kann.

Die Schräge für die Schneide feilen und dann glatt schmirgeln. Dazu kann man die Klinge mit einer Klemmzange festhalten und diese im Schraubstock festklemmen.

Die Schneidkante selbst sollte noch nicht fertig sein, da das Scharfschleifen erst nach dem Härten erfolgt.

Das Härten der Klinge kann man nun dem Profi überlassen oder einen Kohlenstoffstahl benutzen und, wie noch beschrieben, selbst härten.

Links: Die Mitte der Klinge wird angerissen, um von beiden Seiten gleichmäßig arbeiten zu können. Oben: Die Schneide wird gefeilt.

4. Schritt: Fertigung und Anbringen der Backen

Das Backenmaterial wird auf gleiche Länge gebracht und der vordere Abschlussbereich schon fertig gefeilt, geschliffen und poliert. Dann werden die Nietlöcher angebracht und anschließend die plan geschliffenen Backen mit der Klinge vernietet.

TIPP

Die Klinge satinieren wir immer vor dem Aufnieten der Backen. Hinterher kommt man an die Stelle direkt vor den Backen nicht mehr heran.

Nach dem Befestigen von Schalen und Backen wird der Griff in Form gebracht und danach poliert.

Die Backen mit der Klinge zu verlöten, macht Probleme, da die zu verlötenden Flächen relativ groß sind. Ich verklebe die Backen zugleich mit dem Vernieten, um den feinen Spalt zwischen den Backen und der Klinge zu versiegeln. Das verhindert das Eindringen von Feuchtigkeit und damit Korrosion.

Die Griffschalen werden aufgeklebt, gebohrt und vernietet, wie im Kapitel Flachangelmesser beschrieben.

Das Messer ist fertig.

5. Schritt: Befestigen der Griffschalen mit Schraubnieten

Die Griffschalen werden, wie im vorherigen Kapitel beschrieben, verklebt, und das Durchgangsloch der Schraubnieten vorgebohrt.

Mit dem Senker stellen wir Senkbohrungen für die Muttern her. Das Loch sollte so tief sein, dass nur noch 3 bis 4 mm der Muttern hervorstehen. Damit der Kleber besser Halt findet, kerben wir die Muttern im unteren Bereich ein.

Prinzipskizze Schraubnieten

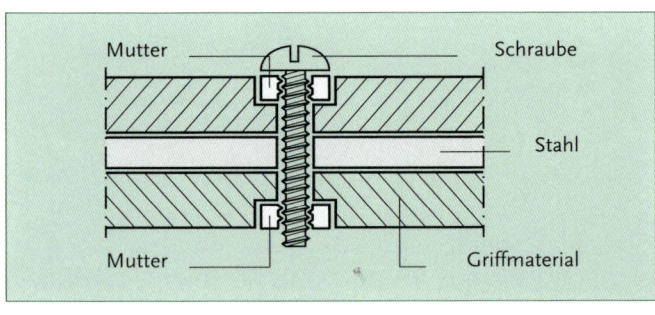

Jetzt geben wir Kleber in die Bohrungen, verschrauben die
Schalen fest, lassen sie trocknen und feilen dann den Griff
auf die gewünschte Endkontur. Nimmt man für die Muttern
und für die Schrauben je ein anderes Material – z. B. Messing
und Stahl –, erzielt man einen sehr dekorativen Effekt.

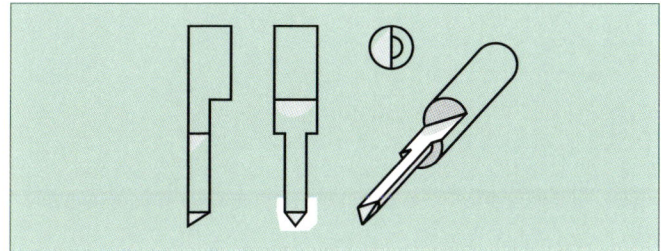

Senker

Schmieden einer Steckangelklinge

In diesem Kapitel wollen wir uns mit der Schmiedekunst
beschäftigen und lernen, eine Klinge selbst zu schmieden.
    Aber keine Angst, es ist nicht so schwierig, wie man auf
den ersten Blick vermuten könnte. Wir werden lernen, ein
Stück Stahl so in Form zu bringen, dass man durch Feilen
und Schleifen eine Klinge herstellen kann – auch Profis

Profiwerkzeug

schmieden eine Klinge nicht auf Endkontur. Die äußeren Schichten müssen abgetragen werden, da sie im Schmiedefeuer etwas von den gewünschten Eigenschaften verlieren können.

Unser Ziel soll mit geringstmöglichem Aufwand erreicht werden, da die Mehrzahl der Leser wohl weder die Räumlichkeiten noch die Muße hat, in Zukunft schwerpunktmäßig zu schmieden.

Esse aus einer Autofelge

Es gibt zwei Wärmequellen, die der Messermacher nutzt, um den Stahl auf Schmiedetemperatur zu bringen: Kohle oder Gas. In diesem Kapitel wollen wir mit Kohle arbeiten.

Um ein Schmiedefeuer anfachen und halten zu können, brauchen wir eine Esse. Eine durchaus brauchbare Esse lässt sich einfach aus einer alten Felge eines Autoreifens bauen.

Die Felge ruht auf zwei Stapeln Ziegelsteinen. Die Gebläseluft wird durch einen Föhn erzeugt, der durch einen Luftschlauch mit einer Konstruktion aus Zwei-Zoll-Wasserrohren verbunden ist. Den Luftschlauch kann man mittels Klebeband mit dem Föhn und mit dem Wasserrohr verbinden.

Funktionsprinzip der Autofelgen-Esse

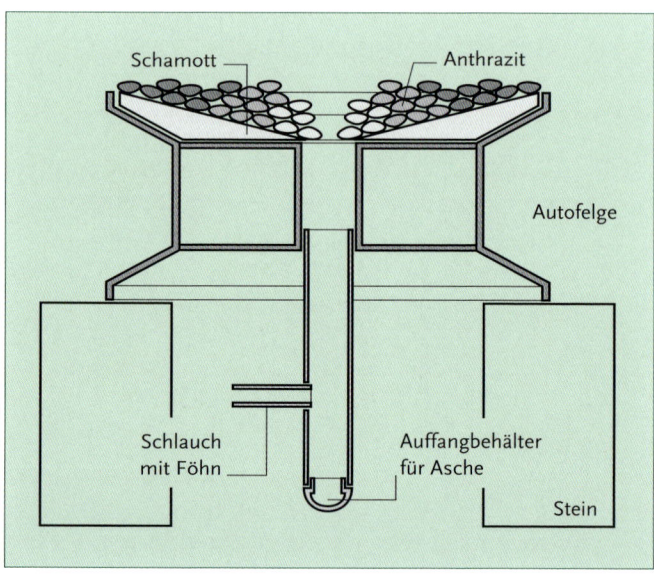

Das Luftzuführungsrohr wird durch die Achsöffnung der Felge gesteckt und mit einem Flansch verschraubt oder verschweißt.

Die Felgen kann man mit Mörtel aus dem Ofenbau auskleiden, wobei die Öffnungen in der Felge zweckmäßigerweise mit Ziegelbrocken verschlossen werden. Sollte kein Ofenmörtel zur Hand sein, müsste normaler Maurermörtel auch ausreichen. Wenn später bei der Befeuerung Risse auftreten, hat dies keine negativen Auswirkungen, zumal sie sich schnell mit Asche füllen.

Wie auf der Zeichnung zu sehen ist, ist das Rohrsystem so gestaltet, dass Asche oder Schlackestücke in eine Art Siphon fallen und später entfernt werden können.

Auf den Lufteintritt in den Ofen legt man ein Stück Drahtgewebe, um zu vermeiden, dass zu viel Kohle in das Rohrsystem fällt.

Amboss selbst gebaut

Die Anschaffung eines Ambosses ist nicht billig. Für die ersten Schmiedeversuche können wir uns mit einer Eigenkonstruktion helfen. Ein Stück Eisenbahnschiene auf einem Hackstock befestigt leistet für den Anfang ausreichend gute Dienste. Auch mit einem Stück von einem Doppel-T- Träger kann man einen Amboss improvisieren.

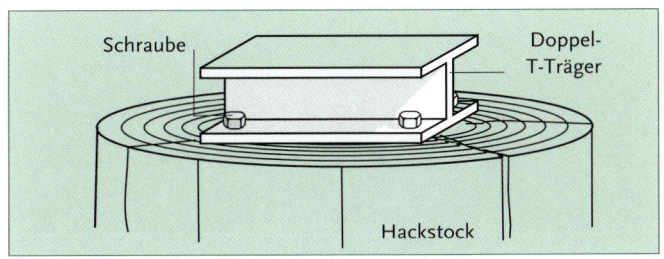

Amboss Marke Eigenbau

Schmiedezange

Eine Schmiedezange ist für die ersten Versuche nicht unbedingt erforderlich, wenn man aber weitermachen will, ist diese Anschaffung ein Muss. Am Anfang kann man sich mit einer großen Kombi- oder einer Beißzange o. Ä. behelfen.

Eine Schmiedezange wird etwas verändert, damit sie die Klinge sicher festhält.

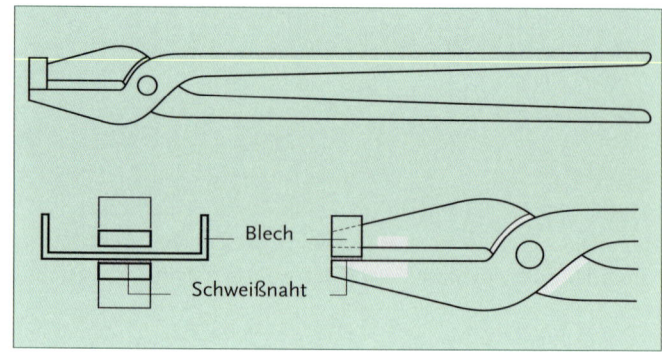

Man wird aber schnell herausfinden, dass dieser Behelf unbequem und heiß ist.

Die Schmiedezange kann man durch das Anschweißen von Blechstücken so modifizieren, dass auch dem Anfänger nicht dauernd das Schmiedestück entgleitet.

Der Schmiedehammer soll nicht zu schwer sein, damit man nicht zu schnell ermüdet und ihn gut unter Kontrolle hat. Der Stiel soll nicht zu lang sein.

Als Brennmaterial eignet sich Holzkohle (Grillkohle). Sie ist leicht zu beschaffen und entwickelt wenig Geruch.

TIPP

Die Schmiedezange können wir uns auch ersparen, wenn wir an das Klingenmetall ein ausreichend langes Stück Rundeisen schweißen!

Schmieden der Klinge

Warum schmieden, wenn man ein Messer wie zuvor beschrieben auch aus dem Vollen fertigen kann? Nun – eine handgeschmiedete Klinge ist in der heutigen Zeit der Massenprodukte ohne Zweifel etwas ganz Besonderes!

Wie auf viele Messermacher übt das Schmieden auch auf mich eine ganz eigentümliche Faszination aus. Schmieden ist ein uralter kreativer Vorgang, dem heute noch eine Aura des Magischen, Geheimnisvollen anhaftet. Der Schmied war in der Vorzeit bis ins Mittelalter eine Person, die etwas mit dem Magier gemein hatte.

In manchen Kulturen gab es Schmiedegötter wie Vulcanus bei den Römern oder Hephaistos bei den Griechen.

Neben diesen nostalgischen Aspekten des Schmiedens gibt es aber auch Gründe, warum das Schmieden einer Klinge Vorteile hat. Es ermöglicht ganz einfach, den vorhandenen

Werkstoff optimal auszunutzen und durch das Verdichten des Materials die Werkstoffeigenschaften zu verbessern. Früher wurde das Roheisen, das aus dem Ofen kam, erst durch das Schmieden zu brauchbarem Stahl.

Der Stahl

Wir benötigen ein Stück Kohlenstoffstahl. Geeignet sind eine alte Feile oder ein alter Meißel, ein Stück von einer alten Autofeder oder ein einfaches Stück Flachstahl aus dem Fachhandel.

Wir wählen für den Einstieg ein Stück Werkzeugstahl (Kohlenstoffstahl) z. B. C55 mit den ungefähren Maßen 7 x 25 cm. Die Länge richtet sich nach der gewünschten Gesamtlänge des Messers. Ideal ist, wenn das Stück Stahl so lang ist, dass wir auf eine Zange beim Erwärmen und beim Schmieden verzichten können.

Das Feuer

Für das erste Schmiedeprojekt ist es sinnvoll, Holzkohle für die Befeuerung der Esse zu nehmen. Ein richtiges Schmiedefeuer mit Kohle zu entfachen und zu erhalten, bedarf einiger Übung.

Ist ein Schweißbrenner zur Hand, kann das Stück Stahl natürlich auch damit auf Schmiedetemperatur (gelb glühend) gebracht werden.

Beim Schmieden ist darauf zu achten, dass der Stahl die richtige Temperatur (gelb- bis rotglühend) hat. Wenn zu kalter Stahl geschmiedet wird, kann es zu Rissen kommen. Der Stahl darf umgekehrt aber auch nicht überhitzt werden. Wenn Weißglut erreicht wird und der Stahl beginnt, Funken abzugeben, ähnlich einem Sternwerfer am Christbaum, verbrennt bereits der Kohlenstoff und der Stahl wird dadurch für unsere Zwecke unbrauchbar.

Das Schmieden

Es ist nicht einfach, in einem Buch das Schmieden einer Klinge zu vermitteln. Aber mit den folgenden Skizzen und etwas Übung sollte es gelingen, den Stahl so zu formen, dass daraus ein Messer entstehen kann.

TIPP

Eine Klinge aus Kohlenstoffstahl muss nach dem Schleifen sofort wieder eingefettet werden! Die Oberfläche ist dann nämlich frei von Fett und rostet sofort, besonders wenn die warme Klinge zwischen den Arbeitsgängen mit Wasser gekühlt wurde.

Das Klingeschmieden

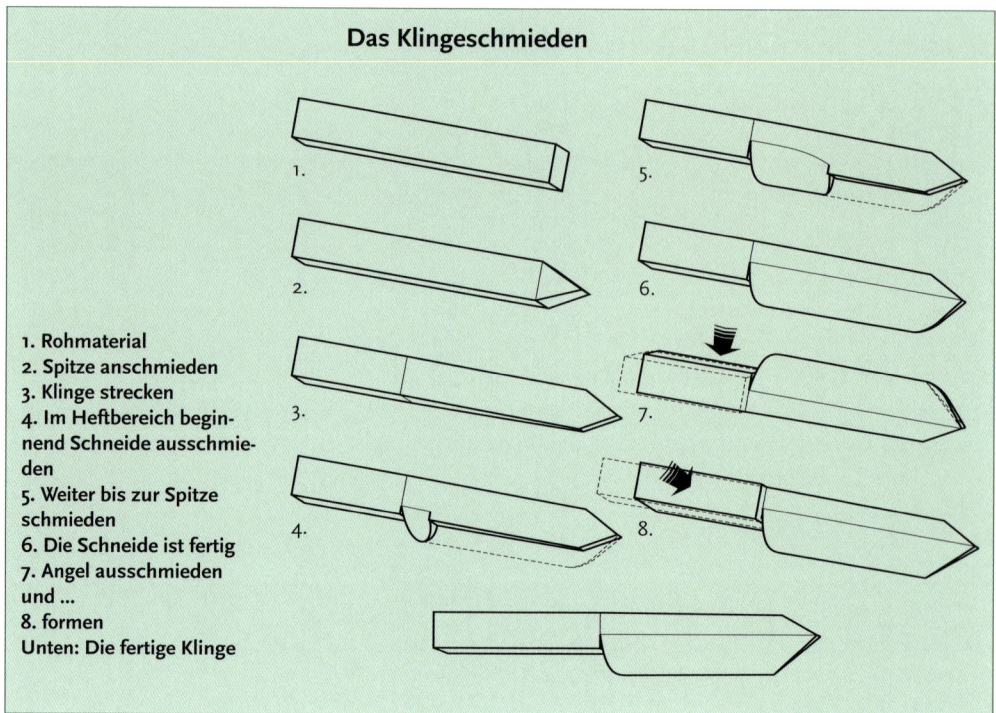

1. Rohmaterial
2. Spitze anschmieden
3. Klinge strecken
4. Im Heftbereich beginnend Schneide ausschmieden
5. Weiter bis zur Spitze schmieden
6. Die Schneide ist fertig
7. Angel ausschmieden und ...
8. formen
Unten: Die fertige Klinge

Gas oder Kohle – eine fast philosophische Frage

Ein *Gasofen* bietet viele Vorteile: Er ist kompakt, das Gas ist sauber, es entstehen keine Rauchentwicklung und kein Ruß, die Handhabung ist einfach, der Zeitaufwand gering, die Temperatur lässt sich gut regeln usw.

Für das *Kohlefeuer* spricht, dass man mit einfachen Mitteln eine Esse bauen kann. Im Gasofen verliert der Stahl etwas an Kohlenstoff, während er im Kohleofen dazugewinnt.

Fertigstellen der Steckangelklinge

Um einen guten Sitz der Parierstange zu gewährleisten, müssen die Schultern rechtwinklig gefeilt werden. Dabei ist eine Feilvorrichtung aus gehärteten und geschliffenen Backen sehr hilfreich. Die Feile gleitet über die gehärtete Fläche und man erreicht so exakte Winkel.

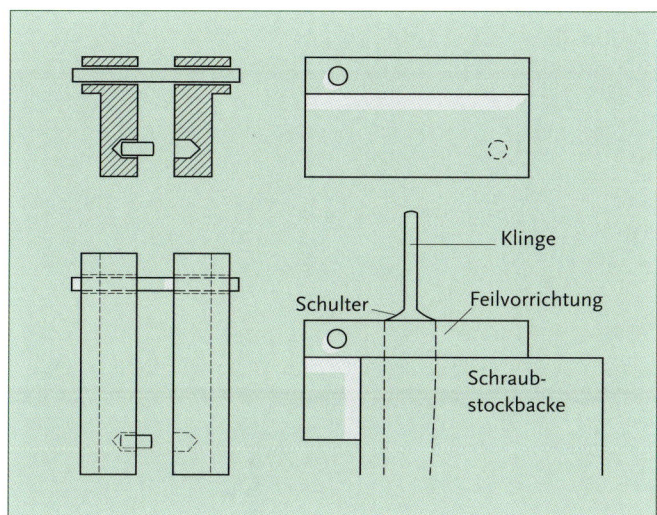

Eine Feilvorrichtung ist eine große Hilfe bei der Bearbeitung der Klinge.

Klinge in der Feilvorrichtung

Zur Not kann man die Klinge auch in den Schraubstock einspannen und so die Schultern feilen.

Für die Parierstange nehmen wir ein Stück Neusilber, Messing oder Stahl. Auch Mokume macht sich sehr gut. Die Stärke kann beliebig gewählt werden. Mein Vorschlag: zwischen 4 und 6 mm.

Jetzt werden für den Schlitz im Parierelement der Abstand x und die Breite y ermittelt.

Der Schlitz im Holz wird erweitert, bis die Angel sitzt. Dann werden der Schlitz mit Epoxidharz gefüllt und die Klinge eingeklebt.

Der Schlitz im Parierelement muss exakt vermessen und sauber angezeichnet werden.

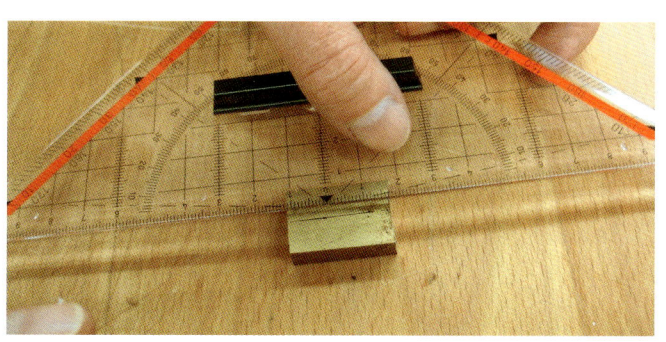

Anreißen der Hilfslinien

Links: Körnen für die Bohrungen
Rechts: Die Löcher sind gebohrt.

Der Schlitz wird mit Schlüsselfeilen ausgefeilt.

Links: Die Angelkontur wird am
Griffholz angezeichnet.
Rechts: Hilfslinien werden auf die
Stirnseite übertragen.

 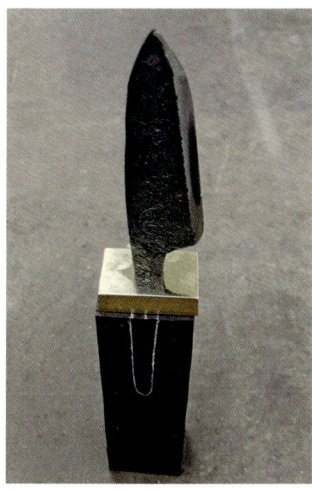

Links: Eingespannt im Bohr-schraubstock, wird das Griffholz ausgerichtet, und die Löcher werden gebohrt.
Rechts: Die Steckangel wird ins Griffholz eingepasst.

Durchgehende Angeln

Das Ende der Angel feilen wir hierbei rund und schneiden ein passendes Gewinde. Ich empfehle, die Angel auf ca. 6 mm Länge rundzufeilen und ein M6-Gewinde daraufzuschneiden. Alternativ kann auch ein Gewindestück angeschweißt werden.

Abschlussplatte

Als Abschluss fertigen wir eine Abschlussplatte und einen Knauf aus demselben Material wie das Parierelement. Diese Platte wird aus ca. 3 bis 4 mm starkem Flachmaterial gefertigt. Dazu setzen wir das hintere Teil des Griffstückes auf das Flachmaterial auf und übertragen die Kontur des Griffstückes mit dem Bleistift auf das Flachmaterial. Dann sägen wir mit ca. 2 mm Übermaß aus. Die Endkontur stellen wir mit der Feile nach dem Zusammenschrauben des Griffes her.

Für den Knauf nehmen wir Rundmaterial, ca. 10 mm im Durchmesser, und bringen es in die gewünschte Form. Dazu spannen wir es in das Bohrfutter der Ständerbohrmaschine ein, schalten die Maschine an und bringen das Werkstück mit einer Feile und später mit Schmirgelleinen in Form.

Der Knauf muss mit der Bohrung für die Steckangel versehen werden. Das M6-Außengewinde haben wir schon im vor-

Vorbereiten der Abschlussplatte

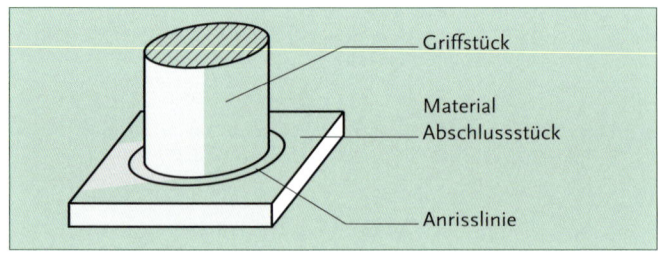

Griffstück

Material
Abschlussstück

Anrisslinie

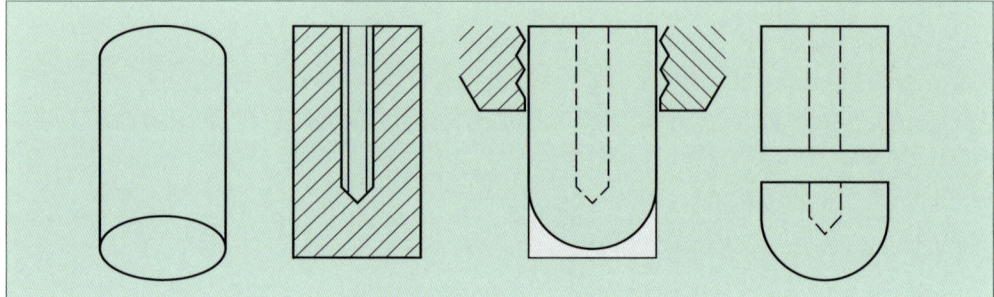

Das Rundmaterial (links) für den Knauf wird gebohrt, in das Bohrfutter der Bohrmaschine gespannt, und dann mit der Feile abgerundet. Der Knauf wird nun abgesägt, der Rest ist Verschnitt.

herigen Arbeitsgang an der Steckangel angebracht. Für die Befestigung der Steckangel im Knauf müssen eine Bohrung (Kernlochbohrung) mit dem Durchmesser von 5 mm angebracht und die Gewindebohrung für das Innengewinde mit dem Gewindebohrer M6 hergestellt werden.

Kernlochdurchmesser

M6 ist die Bezeichnung für ein metrisches Gewinde mit dem Durchmesser des Schraubenbolzens von 6 mm. Da die Gewindegänge im Innengewinde M6 auch ca. 6 mm im Durchmesser betragen, muss der Kernlochdurchmesser kleiner sein als 6 mm. In diesem Fall schreibt das Tabellenbuch für den Metallhandwerker 5 mm vor. Für ein M8-Innengewinde, so ist der Kernlochbohrungsdurchmesser genau 6,5 mm, für ein kleines M4-Gewinde beträgt er 3,3 mm.

Verdeckte Verschraubung
Unsichtbar können wir eine Platte am hinteren Ende des Messergriffs wie folgt verschrauben: Auf den Rund-Erl wird

ein Gewinde geschnitten, um damit die Klinge zu verschrauben. Nach dem Durchbohren des Griffs wird eine Messing- oder Neusilberplatte ausgesucht, die diesen abschließen soll. Am einfachsten ist es, ein Sackloch in diese Platte zu bohren und ein Gewinde einzuschneiden. Das funktioniert aber nur bei einigermaßen dicken Platten, in denen zwei oder drei Gewindegänge Platz finden.

Eine elegantere Lösung ist es, eine Mutter auf die Platte aufzulöten und mit der ganzen Platte zu verschrauben. Wir dürfen nicht vergessen, das Loch für die Mutter im Griff auszuarbeiten. Es kann auch sinnvoll sein, die Mutter separat aus einem dickeren Stück Metall zu fertigen und auf die Platte aufzulöten. So erhält man mehr Gewindegänge, die für eine bessere Stabilität sorgen.

Anbringen des Griffes

Als Griffmaterial bietet sich ein Abschnitt einer Hirschgeweihstange an. Der Geweihabschnitt wird durchbohrt und mit reichlich Kleber gefüllt, um dann mit Parierelement und Abschlussplatte auf die Klinge gesteckt und mit dem Knauf verschraubt zu werden. Die einzelnen Elemente werden nach dem Trocknen des Klebers verfeilt und poliert.

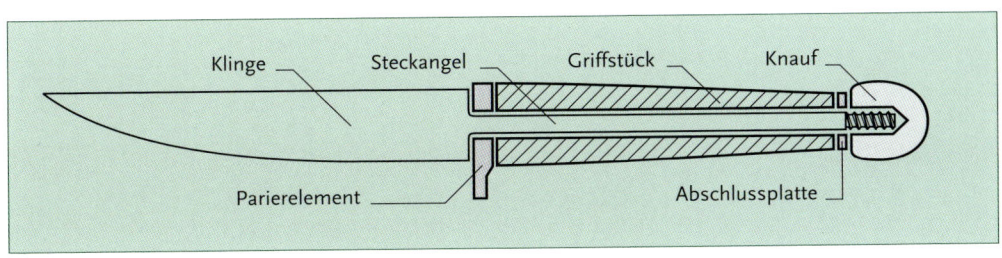

Prinzipskizze eines Messers mit Steckangelklinge

Damastklingen

Damastklingen wurden einst entwickelt, um Härte mit Flexibilität zu kombinieren. Und auch heute noch sind Damastklingen-Messer in den oberen Preiskategorien angesiedelt. Warum also eine solche Klinge nicht selbst herstellen?

In der Geschichte der Eisenerzeugung gelang es erst relativ spät, die Bestandteile des Stahles so zu kontrollieren, dass man die für Schneidwerkzeuge gewünschten Eigenschaften wie Härte und Flexibilität vereinen konnte. Es gab lange Zeit Stahl, der zwar hart wurde, durch den hohen Kohlenstoffgehalt aber spröde blieb (Gusseisen); anderer Stahl war wiederum flexibel, hatte aber nicht genug Kohlenstoffgehalt zum Härten (Schmiedeeisen).

Geschichte

Wahrscheinlich entwickelten findige Schmiede im heutigen Anatolien eine Methode, weiches, flexibles Schmiedeeisen mit hartem, sprödem Gusseisen dauerhaft zu verbinden. Der enorme Vorteil dieses neuen Werkstoffes bestand in der Kombination der beiden Eigenschaften Flexibilität *und* Härte.

Wilder Damast

Der Name Damast stammt von der Stadt Damaskus, denn diese Stadt im heutigen Syrien war damals ein Handelsplatz für solche Klingen.

Die Herstellung von Damastklingen war ein sehr schwieriges und zeitaufwendiges Verfahren, welches nur von wenigen Schmieden beherrscht wurde. Ein Schwert aus Damast hatte daher einen enormen Wert und war Adeligen und hochrangigen Kriegern vorbehalten.

König Theoderich bedankt sich beim König der Vandalen Thrassamund wortreich für geschenkte Waffen, die offensichtlich aus Damast waren. Der Begriff „Wurmbunte Klingen" beschreibt treffend den optischen Eindruck einer Damastklinge.

Neuere Untersuchungen haben ergeben, dass Schwerter aus der Zeit der Merowinger, die in Gräbern vornehmer Toten gefunden wurden, aus Damaszenerstahl waren. Wikingerschwerter waren zum Teil ebenfalls aus Damast.

Samurai-Schwerter, mit denen man oft sagenhafte Eigenschaften verband, waren aus Stählen mit vielen Tausend verschiedenen Lagen gefertigt.

Das streng gehütete Geheimnis der Herstellung verschaffte den Besitzern von Waffen aus dem Wunderwerkstoff im Kampf enorme Vorteile: Das Schwert blieb lange scharf, zerbrach aber nicht bei wuchtigen Hieben.

Das Schmieden von Damast

Zum Schmieden einer Damastklinge benötigt man zwei verschiedene Stähle: einen mit einem hohen Kohlenstoffanteil, z. B. 01 (100MnCrW4), und einen mit niedrigerem Kohlenstoffgehalt (z. B. 55NiCrMoV6).

Die Stähle werden in Abschnitte von ca. 8 cm Länge und ca. 4 cm Breite geschnitten, wobei es zweckmäßig ist, ein Stück länger zu belassen, um es als Handgriff verwenden zu können. Die Auflageflächen der Stahlstücke werden sauber geschliffen, um eine einwandfreie Verbindung zu gewährleisten, denn Unreinheiten verhindern eine saubere Verschweißung. Es ist hilfreich, wenn die Kanten der einzelnen Stahlstücke etwas ballig gefeilt oder geschliffen werden, sodass das Flussmittel eindringen kann.

„Stapelverarbeitung" bis zum Zitronengelb

Der Stapel wird an den Stirnseiten elektroverschweißt und dann langsam erwärmt. Wenn der Stapel eine kirschrote Glühfarbe angenommen hat, wird er aus dem Feuer genommen und reichlich Flussmittel (Borax) daraufgestreut.

Schmieden von Damast: So wird das Paket aus Eisen und Stahl gefaltet und ausgeschmiedet.

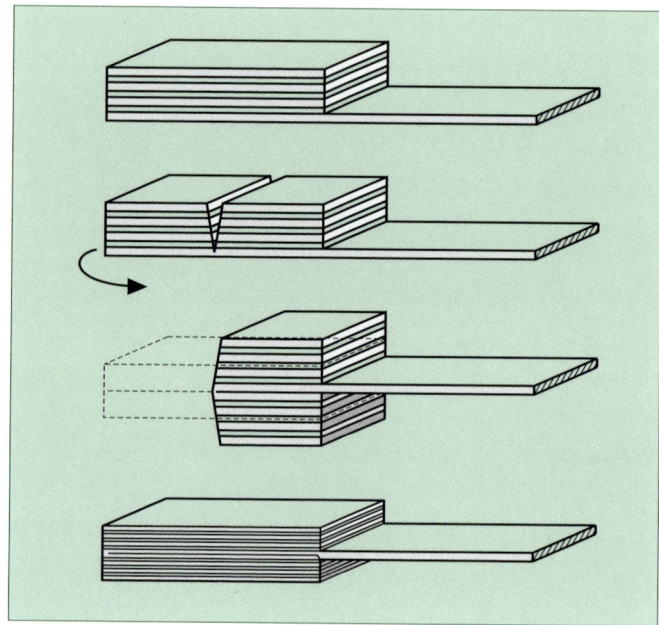

Den Stapel jetzt langsam unter mehrmaligem Wenden auf Hellorange erwärmen. Weiter erwärmen, bis das Flussmittel beim Wenden des Stapels wie geschmolzene Butter fließt. Die Temperatur muss 1200 bis 1300 °C betragen, die Glühfarbe ist dann zitronengelb. Die Hitze muss so groß sein, dass der Stahl kurz vor dem Verbrennen ist.

Um ein besseres Gefühl für die richtige Glühfarbe zu bekommen, sollte man ein Stück Stahl der Sorte, die man für die Damastherstellung verwenden will, so lange erwärmen, bis es verbrennt, das heißt, bis sich Funken bilden. Die Glühfarbe kurz *vor* dem Verbrennen ist die richtige.

Stapel aus zwei verschiedenen Stählen

Stapel fixiert

Und immer wieder schmieden ...

Das Werkstück wird nun aus dem Feuer genommen und, mit gleichmäßigen, nicht zu harten Schlägen geschmiedet, wobei man sich von einem Ende zum anderen vorarbeitet. Dann wird das Werkstück erneut erwärmt, mit Flussmittel bestreut und nochmals geschmiedet.

Sind die Lagen verschweißt, bringen wir das Werkstück auf Schmiedetemperatur und strecken es auf ca. 15 cm. Wir teilen das Werkstück nun in der Mitte, bestreuen es mit Flussmittel, schlagen es um und verschweißen erneut. Das

TIPP

Die Hammerschläge müssen immer gleichmäßig und dürfen nicht zu hart geführt werden! Die Stahlstücke sollen nämlich miteinander verschweißt und dürfen nicht „verprellt" werden.

Einkerben

Umschlagen

Ausschmieden

wiederholen wir so lange, bis die gewünschte Lagenzahl erreicht ist. Wir haben jetzt Lagendamast, auch „Wilder Damast" genannt.

Aus dem fertigen Damaststück kann im Anschluss, wie im Kapitel „ Schmieden einer Steckangelklinge" beschrieben, eine Klinge herausgearbeitet werden.

Mustersteuerung

Man kann im Damast gezielt Muster erzeugen, wie im Folgenden gezeigt wird.

Rosendamast   wird erzeugt, indem man in den Lagendamast Sacklöcher bohrt und das Stück dann wieder flach schmiedet.

Links: Damaststück mit Sacklöchern
Rechts: Messer mit einer Klinge aus Rosendamast

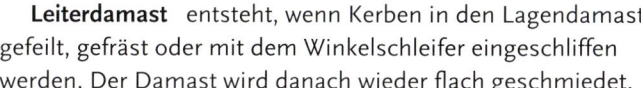

Leiterdamast   entsteht, wenn Kerben in den Lagendamast gefeilt, gefräst oder mit dem Winkelschleifer eingeschliffen werden. Der Damast wird danach wieder flach geschmiedet.

Links: Einschleifen von Kerben
Rechs: Messer mit Leiterdamast-Klinge

Torsionsdamast Dieses Muster wird erzeugt, indem man ein Lagendamaststück in glühendem Zustand dreht, das heißt „tordiert".

Oben links: Tordieren
Oben rechts: Tordierte Damast-
stahl-Stücke
Unten links: Aufbau eines Stückes
Torsionsdamast aus Flachstahl,
verschweißt zu Lagendamast,
dann tordiert und zum Schluss verschweißt
Unten rechts: Klinge aus Torsionsdamast mit einer Schneidleiste aus
Lagendamast

Härten

Bei der Erwärmung des Stahles über eine bestimmte Temperatur hinaus wandelt sich dessen Gefüge um. Wenn sich der Stahl langsam wieder abkühlt, wird diese Gefügeänderung wieder rückgängig gemacht.

Bei einer zu raschen Abkühlung bleibt nicht genug Zeit, um die Veränderung wieder rückgängig zu machen. Es entsteht ein neues Gefüge, das sogenannte *Martensit*, der Stahl nimmt eine feinkörnige Struktur an und gewinnt deutlich an Härte. Beim Anlassen nimmt durch das erneute Erwärmen die Härte wieder ab, da sich das Gefüge wieder etwas zurückentwickelt. Es entsteht die *Gebrauchshärte*. Härtbar ist ein Stahl erst ab einem Gehalt von über 0,45 % Kohlenstoff.

┌── Wärmen auf Härtetemperatur
┌── Halten auf Härtetemperatur
┌── Abschrecken

Die drei Schritte des Härtens

Der Stahl wird langsam angewärmt, um Spannungsrisse zu vermeiden und wird dann schnell auf die Härtetemperatur gebracht. Wir lassen ihn so lange auf der Härtetemperatur, bis das Werkstück gleichmäßig in der für den Stahl richtigen Glühfarbe leuchtet (siehe Tabelle S. 92).

Jetzt wird der Stahl schnell abgeschreckt. Dies geschieht je nach Stahlsorte in Wasser, in Öl oder in Luft (Pressluft). Man unterscheidet daher Wasser-, Öl-, und Lufthärter.

Anlassen

Nach dem Härten sollte der Stahl sofort angelassen werden, da er für den Gebrauch zu hart ist und bei Belastung brechen würde.

Anlassen bedeutet, den Stahl auf Anlasstemperatur zu bringen und einige Zeit dort zu halten, um ihn dann auskühlen zu lassen. Die Anlasstemperatur richtet sich nach der Stahlsorte und nach der gewünschten Härte. Bei Gebrauchsmessern sind 58 HRC erstrebenswert. Bei hochlegierten und rostfreien Stählen sollte das Anlassen zwei- bis dreimal wiederholt werden.

Glüh- und Anlassfarben

Anlassfarben bilden sich bei Erwärmung auf dem Stahl, bevor er zu glühen anfängt, im Temperaturbereich von 200 °C bis 360 °C.

Beim Erwärmen bilden sich auf dem Stahl Oxidschichten, die das Licht je nach Dicke unterschiedlich brechen, und so verschiedene Farben annehmen. Die Dicke der Schicht steht im Zusammenhang mit der Temperatur, und daher lässt sich an der Anlassfarbe des Stahles die beim Anlassen erreichte Temperatur ablesen.

Die genaue Beobachtung der Anlassfarben ist wichtig, um die richtige Ablasstemperatur zu erzielen.

Farben und Temperaturen

Anlassfarbe	Temperatur
strohgelb hell	200 °C
strohgelb	220 °C
goldgelb	230 °C
gelbbraun	240 °C
braun	250 °C
rot	260 °C
purpurrot	270 °C
violett	280 °C
dunkelblau	290 °C
kornblumenblau	300 °C
hellblau	320 °C
blaugrau	340 °C
grau	360 °C
Glühfarben	**Temperatur**
braunrot	640 °C
dunkelrot	680 °C
dunkelkirschrot	740 °C
kirschrot	780 °C
hellkirschrot	810 °C
hellrot	850 °C
gut hellrot	900 °C
gelbrot	1000 °C
gelb	1100 °C
hellgelb	1200 °C
gelbweiß	1300 °C

Um eine Messerklinge erfolgreich selbst härten zu können, muss man die Härte- und Anlasstemperatur des Stahls kennen. Diese Angaben liefert der Stahlhersteller bzw. der Händler. Anhand der obigen Tabellen kann man jetzt mittels der vorgegebenen Temperaturangaben die jeweils richtige Farbe finden.

Statt die Klinge gleichmäßig durchzuhärten, kann man auch selektiv oder teilhärten. Die Klinge bleibt im Schneidenbereich hart, während sie am Rücken weich und elastisch bleibt.

Nach dem Aufheizen auf Härtetemperatur wird die Klinge nur zum Teil in das Wasserbad getaucht und dadurch nur zum Teil, nämlich an der Schneide, abgeschreckt. Der Rücken kann langsam abkühlen und bleibt weich und elastisch. Man kann den Vorgang noch unterstützen und steuern, indem man den Rückenbereich mit der Flamme erwärmt und langsam die Hitzeeinwirkung reduziert.

Auch hierbei können uns die Anlassfarben über die Temperatur den Hinweis auf die Härte geben. Je höher die Temperatur, desto weicher wird der Stahl. Selektives Härten ist nur für Wasserhärter geeignet.

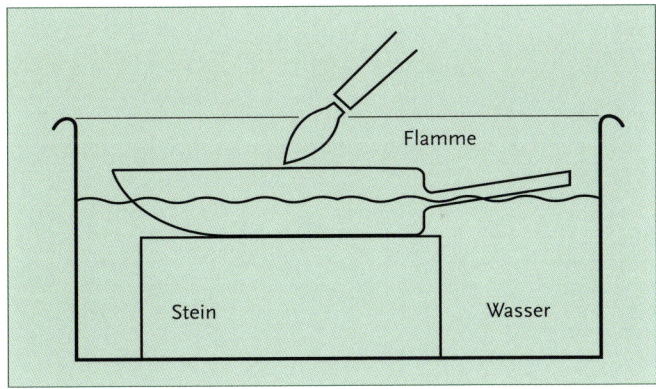

Beim selektiven Härten wird nur die Schneide schnell abgekühlt. Der Klingenrücken wird noch etwas erwärmt und kühlt langsam ab: Das lässt ihn weich und elastisch werden.

Tieftemperaturbehandlung

Das Tiefkühlen in flüssigem Stickstoff findet immer mehr Anhänger. Es eignet sich für rostfreie und hochlegierte Stähle.

Beim Härten und Anlassen dieser Stähle verbleibt ein Rest *Austenit* im Stahl. Austenit ist aber nicht gewünscht, da es das Gefüge schwächt und die Härte reduziert. Durch das Tiefkühlen wird das verbliebene Austenit in Martensit umgewandelt. Martensit ist das Gefüge, das der Messermacher braucht. Es bestimmt die Härte des Stahles.

Und noch einen Vorteil bietet das Tiefkühlen: Es löst Spannungen, die noch vom Härten im Stahl verblieben sind.

Härteprüfung

Die Härte der Klinge ist ihre für den Einsatz wichtigste Eigenschaft. Sie liegt bei Gebrauchsmessern im Bereich zwischen 54 und 62 HCR.

Härteprüfung im Profibereich

Professionell erfolgt die Härteprüfung mit einer Härteprüfmaschine. Man unterscheidet das Brinell-, das Vickers- und das Rockwell-Verfahren. In allen drei Verfahren wird ein Prüfkörper (Diamantkegel oder Stahlkugel) in die Oberfläche des Werkstückes gepresst. Aus der Prüfkraft und der Eindringtiefe des Prüfkörpers lässt sich die Härte des Werkstoffes bestimmen. Der Prüfdiamant muss aber genau rechtwinklig auf die Klinge gesetzt werden können, was bei Messerklingen im Schneidenbereich fast nicht möglich ist.

Für den Hausgebrauch gibt es kaum Möglichkeiten, die exakte Härte zu bestimmen. Im Handel gibt es Spezialfeilen, mit denen man durch Probieren die ungefähre Härte bestimmen kann.

Im Grunde muss man sich darauf verlassen, dass man die Härte- und Anlassvorschriften richtig befolgt hat. Ein Indiz für eine Härtesteigerung des Stahls ist der Test, ob die Feile noch angreift, oder ob sich ein Nagel einkerben lässt, ohne dass sich eine Scharte in der Schneide zeigt.

Der folgende Test ist auch beliebt, um verschiedene Stahlsorten zu vergleichen. Voraussetzung ist, dass der Schneidwinkel und der Zustand der Schneiden vergleichbar sind; das heißt, die Klingen frisch geschliffen sind. Beim Test werden die Abschnitte gezählt, die man von einem Hanfseil definierter Dicke – 1 Zoll (= 2,54 cm) ist in den USA gebräuchlich – abschneiden kann ohne nachzuschärfen.

Ein weiterer Test, der nicht nur die Schneidhaltigkeit, sondern auch die optimale Schneidengeometrie prüfen kann, ist folgender: Nach dem Schärfen und Abziehen folgt der altbe-

kannte Rasiertest an Armen oder Beinen. Danach werden
einige Späne von einem Stück Hartholz möglichst im Astbe-
reich abgenommen, um dann den Rasiertest zu wiederholen.
Die Schneide muss so fein sein, dass das Messer rasiert, sie
darf aber nicht so dünn geschliffen sein, dass sie beim Hart-
holztest stumpf wird oder gar ausbricht.

Brechen Teile der Schneide beim Test aus und ist die
Schneidgeometrie in Ordnung, ist die Klinge zu hart. Erneu-
tes Anlassen bis zu einer dunkleren Anlassfarbe (= höhere
Temperatur) ist nötig. Rollt die Schneide beim Test auf die
Seite, ist die Klinge zu weich. Hier muss die Klinge neu
gehärtet und bei einer niedrigeren Temperatur (hellere Farbe)
angelassen werden.

Man kann auch auf folgende Weise testen, ob die Schneide die nötige Härte und Elastizität besitzt: Eine Messingstange mit einem Durchmesser von ca. 6 mm wird in den
Schraubstock eingespannt, sodass ungefähr ein Drittel der
Stange über die Backen des Schraubstocks übersteht. Die

**Funktioniert das auch noch, nach-
dem mit der Klinge Hartholzspä-
ne abgenommen wurden, ist die
Schneidegeometrie ideal.**

Die Klinge biegt sich elastisch über die Messingstange und ist so in Ordnung.

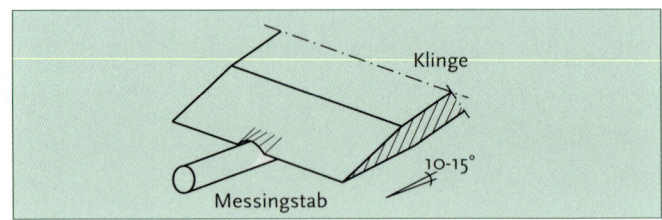

Klinge wird in einem Winkel von 10° bis 15° auf die Messingstange aufgedrückt (Druck ca. 10 kg). Bricht die Klinge aus, ist sie zu hart, entsteht eine Eindellung, die wieder zurückfedert, ist die Klinge richtig gehärtet; bleibt die Delle, ist die Schneide zu weich.

Es liegt in der Natur der Sache, dass Messer, die bereits mit einem Griff versehen sind, nicht mehr gehärtet werden können, außer man entfernt den Griff vor dem Härten. Es empfiehlt sich daher, die Tests vor dem Anbringen des Griffes und der Beschläge durchzuführen.

Ätzen

Nach dem Härten und Anlassen wird die Klinge mit Schmirgelleinen (400er Körnung) geschliffen, entfettet und in einer gesättigten Eisen-III-Chloridlösung geätzt. Nach fünf Minuten überprüfen wir das Resultat und ätzen gegebenenfalls bis zum gewünschten Erfolg weiter.

Das Ätzen mit Eisen-III-Chlorid dauert verhältnismäßig lange, ist aber ungefährlich. Schneller geht es mit Salz- oder Schwefelsäure. Hier ist aber höchste Vorsicht geboten – zu raten ist das nur dem, der im Umgang mit diesen gefährlichen Säuren vertraut ist!

Nach dem Ätzen wird die Klinge abgespült und mit Natron (Backpulver) neutralisiert.

Umgang mit Säuren – Vorsichtsmaßnahmen

☐ Atemschutz (Mundschutz)!
☐ Augenschutz (Schutzbrille)!
☐ Hautschutz (Schutzhandschuhe)!
☐ Dämpfe nicht einatmen!

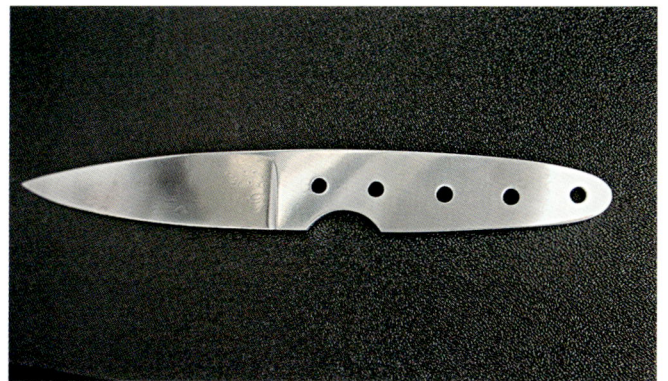

Die Klinge hängt im Säurebad.

Oben: Die Klinge vor dem
Ätzen ...
Mitte: ... und danach.
Unten: poliert

Verschönerungstechniken

Zahlreiche Verfahren und Techniken machen es möglich, ein Messer optisch aufzuwerten. Sowohl Klingen als auch Griffschalen und -backen können wir mit deren Anwendung die berühmte „individuelle Note" verleihen.

Gravuren auf Backen, Beschlägen oder Klingen werten ein Messer zweifelsohne ungemein auf. Das Gravieren setzt aber eine große handwerkliche Fertigkeit voraus, die man nur mit viel Übung erlernen kann. Durch Ätzen kann man einfacher ähnliche Effekte erzielen.

Ätzen

Das Werkstück wird vollständig mit Asphaltlack eingestrichen – lackfreie Stellen werden geätzt! Asphaltlack bekommt man in Geschäften für Künstlerbedarf oder im einschlägigen Versandhandel. Ihn benutzt der Künstler, um die Platten für seine Radierungen zu grundieren und dann darin seine Motive für den Ätzvorgang einzuritzen.

TIPP

Als Ätzmittel nehmen wir Eisen-III-Chlorid, denn es ist nicht übertrieben aggressiv. Es zeitigt weder Hautverletzungen, noch entwickelt es gefährliche Dämpfe. Eisen-III-Chlorid wird im Künstlerbedarfshandel oder beim Elektronikbastelladen angeboten.

Erst ritzen, dann ätzen

Wie bei einer solchen Radierung werden auch beim Messer die Motive in die Lackschicht eingeritzt und dann das Werkstück in die Ätzlösung getaucht.

Ätztiefe

Die Zeit für den Ätzvorgang richtet sich nach der Legierung und nach der gewünschten Ätztiefe. Es empfiehlt sich, den Vorgang alle fünf Minuten zu unterbrechen, um das Ätzbild zu überprüfen.

Hat das Bild die gewünschte Tiefe erreicht, wird das Werkstück abgewaschen und zum Neutralisieren mit Natronsalz (Backpulver) bestreut. Nach ein paar Minuten waschen wir es abermals ab.

Ätzen elektrochemisch

Einen Markenartikel erkennt man, wie der Name schon sagt, an seiner Marke. So sollte es auch mit selbst gefertigten Messern sein. Ist ein Messer gut gelungen, muss der Macher sein Licht nicht unter den Scheffel stellen, sondern sollte ihm mit seinem Namen oder Logo das i-Tüpfelchen aufsetzen. Es ist auch dem späteren Besitzer gegenüber nur fair, wenn auch die Stahlsorte auf der Klinge erscheint.

Am besten eignet sich für das Signieren einer Klinge das elektrochemische Ätzverfahren, da es relativ einfach zu handhaben ist. Mit ein bisschen Übung können bald profimäßige Signaturen entstehen.

Die Geräte kann man im einschlägigen Fachhandel erwerben, man kann sich aber auch mit der folgenden Bauanleitung ein Ätzgerät selber bauen.

Bauanleitung

Man benötigt einen Transformator mit einer Ausgangsleistung von 20 bis 28 Volt und 2,5 Ampere. Es ist Wert darauf zu legen, dass der Transformator gut gefiltert ist.

Der Pluspol wird mit einem Kabel versehen, das wiederum mit einer Kupferplatte verlötet wird. Der Minuspol wird mit dem Handteil verbunden.

Das Handstück besteht aus einem Holzklotz mit einem rostfreien Blech, das mit dem Kabel zum Minuspol verlötet ist. Das Handteil sollte nur etwas größer als das geplante Logo sein.

Auf dem Blech wird mit Hilfe eines Gummibandes ein Stück Filz (2 bis 4 mm stark) befestigt. Das Ätzgerät Marke Eigenbau ist fertig.

Ätzvorgang

Der Filz wird mit dem Elektrolyten befeuchtet (soll nicht tropfen) und die Schablone mit Klebestreifen auf der Klinge befestigt. Wir legen die Klinge auf die Kontaktplatte und pressen das Handteil mehrere (ca. 40) Male kurz auf die Schablone. Dadurch können die sich bildenden Gase entweichen, und eine optimale Stromzufuhr ist gewährleistet.

Um sicherzugehen, dass die Ätzung tief genug ist, kann man die Schablone an einem Ende vorsichtig anheben und sich das Resultat betrachten – und bei Bedarf nochmals nachätzen.

Nach dem Ätzvorgang werden die Klinge, das Handteil und die Kontaktplatte mit Wasser und Geschirrspülmittel gut gesäubert.

Ätzmittel und Schablonenmaterial kann vom einschlägigen Fachhandel bezogen werden. Die Schablonen beschriften wir mit der Schreibmaschine oder von Hand, oder wir bestellen fototechnisch hergestellte Schablonen wie z. B. einen Löwenkopf mit Namenskürzel.

TIPP

Achtung: **Niemals bei eingeschaltetem Trafo das Handstück mit der Kontaktplatte in Berührung bringen! Und immer die Vorsichtsmaßnahmen beim Umgang mit Strom beachten!**

Scrimshaw

Das Einritzen von Mustern oder Figuren in Knochen oder Tierzähne hat eine sehr lange Tradition. Schon aus der Altsteinzeit sind auf diese Art verzierte Stücke überliefert. Besonders beliebt war diese Technik bei Matrosen auf Walfangschiffen. Während sie auf Beute warteten, ritzten sie in Walzähne allerlei Motive und füllten sie mit Farbe aus. Besonders beliebte Motive waren Segelboote.

Diese Tradition wurde vor ein paar Jahren wiederbelebt. Man kann wahre Kunstwerke geritzt in Elfenbein, Warzenschweinhauer, Hirschhorn, Knochen oder Micarta sehen.

Vorgehensweise

Die Vorgehensweise ist recht einfach: Das Material wird fein geschliffen mit Schleifpapier bis hin zu Körnung 600 und dann poliert. Die Zeichnung wird auf das Material übertragen und die Zeichnungsstriche da hineingeritzt. Als Ritzinstrument eignet sich eine dickere Nähnadel, die in einen Holzstiel eingeklebt wurde. Die Nadel sollte eine sehr scharfe Spitze haben.

Professioneller, aber auch etwas schwieriger, ist das Schneiden des Motivs mit einem geeigneten Werkzeug. Wir können uns mit einer dicken Nadel behelfen, die wir in einem Holzgriffstück befestigen, oder als Werkzeug eine Art Stichel

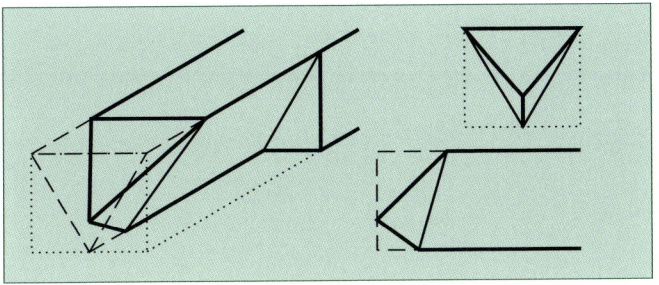

So wird die Spitze des Scrimshaw-Werkzeuges geschliffen.

selbst herstellen. Dazu benötigen wir ein Stück härtbaren Stahl (Rundmaterial mit einer Stärke von ca. 3 mm).

Die Spitze des Stahls wird, wie auf der Skizze #### gezeigt, gefeilt oder geschliffen und mit der Lötlampe zum Glühen gebracht, bis sie hell kirschrot leuchtet. Anschließend schrecken wir sie in Öl ab, schmirgeln sie blank und erwärmen sie erneut, bis die Spitze eine strohgelbe Färbung (Anlassfarbe) annimmt. Jetzt lassen wir sie abkühlen und geben ihr auf dem Ölstein den letzten Schliff.

Die Scrimshaw-Werkzeugpalette

Mit Tusche oder Ölfarbe

In das eingeritzte Motiv wird jetzt mit einem feinen Pinsel wasserfeste Tusche oder Ölfarbe eingebracht. Überschüssige Farbe wischen wir gleich ab, denn die Farbe soll nur im Motiv bleiben.

Bei mehrfarbigen Bildern sollte man mit der helleren Farbe beginnen. Nach dem Trocknen der Farbe empfiehlt es sich, das Bild mit Glanzwachs leicht zu polieren.

Warzenschweinhauer mit Scrimshaw – eine Augenweide

Ritzen der Muster ...
... und Ausmalen mit wasserfester Tusche

Messer mit Scrimshaw

Gravuren lassen sich relativ leicht mittels eines Vergolder-Sets vergolden. Eine an sich schon schöne Gravur erhält durch die Vergoldung noch zusätzlichen Reiz. Das Set verfügt über eine Reinigungsflüssigkeit, mit der das Material vorbehandelt wird. Es enthält Goldstaub und eine Flüssigkeit zum Versiegeln der Vergoldung. In der Gebrauchsanweisung steht genau, wie es geht.

Vergolden

Anodisieren von Titan

Titan, das Material aus Luft- und Raumfahrt, eignet sich gut für Backen und Griffschalen. Titanoberflächen lassen sich recht einfach elektrochemisch dauerhaft färben (anodisieren).

Anodisier-Vorrichtung Marke Eigenbau

- Regelbarer Transformator (Kapazität: 500 Milliampere)
- Plastikbehälter
- Stück rostfreies Blech
- Stück Plastikgitter
- zwei Klemmen
- destilliertes Wasser
- Trinatriumphosphat

Materialliste Anodisier-Vorrichtung

Wir biegen ein Blech so, dass es einen Hohlzylinder bildet – die Dicke des Blechs muss also so gewählt werden, dass es sich biegen lässt. Der Hohlzylinder muss etwas kleiner im Durchmesser sein als das Gefäß. Wir bringen Plastikgitter in den Blechzylinder ein, sodass das Werkstück nicht mit dem Blechzylinder in Berührung kommen kann. Anschließend füllen wir destilliertes Wasser in den Zylinder und lösen darin drei Esslöffel Trinatriumphosphat auf.

Das Anodisieren

Zur Vorbereitung muss das Werkstück metallisch rein sein (entfettet und poliert). Das Werkstück verbinden wir mit dem Pluspol des Transformators und achten dabei darauf, dass das Metall der Klemme nicht mit dem Bad in Berührung kommt.

Nun wird das Werkstück eingetaucht. Nach Einschalten des Stroms bewegen wir es fünf bis zehn Sekunden in der Flüssigkeit, nehmen es wieder heraus und spülen es mit klarem Wasser ab.

Die erzielten Farben richten sich nach der eingestellten Stromspannung.

Stromspannung und Anodisierfarben	
15 Volt	Hellblau
30 Volt	Dunkelblau
40 Volt	Gold
⬦	Purpur – Rot
70 Volt	Grün

Um verschiedene Farben und Muster auf einem Werkstück zu erzeugen, beginnen wir mit der Farbe der höchsten Voltzahl. Bereiche, die eine andere Farbe annehmen sollen, machen wir metallisch wieder rein (z. B. mit einem Schleifwerkzeug in einer biegsamen Welle) und wiederholen den Tauchvorgang erneut, dieses Mal mit einer geringeren Voltzahl.

Titan kann übrigens auch durch ein Erhitzen mit z. B. einem Gasbrenner gefärbt werden.

Links: Anodisierte Rückenfeder eines Klappmessers aus Titan
Rechts: Ein Stück Titanblech mit der Hitze eines Bunsenbrenners gefärbt

Weitere Techniken

Färben von Horn

Horn, z. B. also Hirschhorn, lässt sich leicht mit Schuhcreme dunkler färben.

Die Schuhcreme wird auf die Stellen aufgetragen, die dunkler werden sollen. Mit einem Propangasbrenner werden dann die eingefärbten Stellen vorsichtig erwärmt. Die Schuhcreme zieht dadurch tiefer ins Horn ein und erzeugt eine dauerhafte Färbung. Zum Abschluss wird das Horn poliert.

Mokume-Herstellung

Mokume ist der japanische Name für einen Werkstoff, der aus mehreren Schichten verschiedener Metallplättchen besteht, die wie Damast im Feuer verschweißt wurden. Es gibt Mokume in verschiedenen Variationen mit Schichten aus Gold und Silber oder aus Messing, Kupfer und Neusilber. Wie Damast kann man Mokume nach dem Verschweißen weiterbearbeiten, um Muster zu erzielen.

Mokume kann im Fachhandel bezogen oder selbst hergestellt werden.

Zur Herstellung von Mokume werden Blättchen (ca. 4 x 4 cm) verschiedener Buntmetalle wie Neusilber, Messing und Kupfer in einer Stärke von 1 bis 2 mm zurechtgeschnitten. Die Flächen machen wir metallisch rein, schleifen

TIPP

Bei der Mokume-Herstellung legen wir zwischen den Stapel Buntmetall und die beiden Stahlplatten der Vorrichtung je ein Blatt Papier! Das verhindert das Verbacken des Buntmetalles mit dem Stahl. Das Papier verbrennt rasch und die verbleibende Asche verhindert das Verbacken.

Die Mokume-Vorrichtung lässt sich rasch aus Resten herstellen.

Messer mit Mokume-Backen

sie also, und berühren sie anschließend nicht mehr mit den bloßen Fingern!

Die Blättchen werden jetzt aufeinandergestapelt, in die Vorrichtung eingelegt und verschraubt.

Die Vorrichtung mit dem Buntmetall-Stahl-Stapel wird nun erwärmt. Wenn die Vorrichtung glüht, wird sie aus dem Feuer genommen und die Schrauben werden nachgezogen. Jetzt lassen wir das Ganze abkühlen.

Es bedarf einiger Versuche, den richtigen Zeitpunkt zu erwischen, an dem die Metalle teigig genug sind, sich dauerhaft miteinander zu verbinden, aber noch nicht zu schmelzen beginnen und aus der Vorrichtung fließen.

Gefeilte Verzierungen

Eingefeilte Verzierungen am Messerrücken sehen oft sehr dekorativ aus und können den Wert eines Messers steigern.

Wenn die Verzierungen bis in den Griffbereich gehen, empfiehlt es sich, die entstandenen Zwischenräume mit eingefärbtem Epoxidharz auszufüllen. Bei der Griffbearbeitung müssen wir dann allerdings sehr vorsichtig sein, damit wir nicht zu viel Material abtragen, weil ansonsten das Muster ungleichmäßig aussieht.

Zwei einfache Muster „Filework"

Einfaches Muster an einer Nickerklinge

Versteckte Nieten

Sollen Nieten im Griffmaterial nicht sichtbar sein, weil sie als störend empfunden werden, gibt es mehrere Möglichkeiten, die Schalen mit versteckten Nieten zu befestigen. Die Niete sollen nur verhindern, dass die Griffschalen seitlich abgeschert werden können, und dazu müssen sie nicht bis durch die Griffschalen gehen. Zwei einfache Tricks sollen hier gezeigt werden.

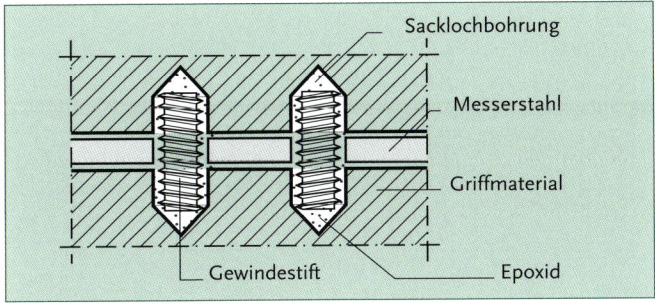

Versteckte Nieten können aus einer eingeklebten Gewindestange hergestellt werden.

Bei der in der Skizze oben dargestellten Lösung werden die Löcher auf der Innenseite des Griffmaterials nicht durchgebohrt. Die Löcher werden mit Kleber gefüllt, ein Stück Gewindestange wird eingesteckt und die beiden Schalenhälften an die Angel angedrückt und fixiert.

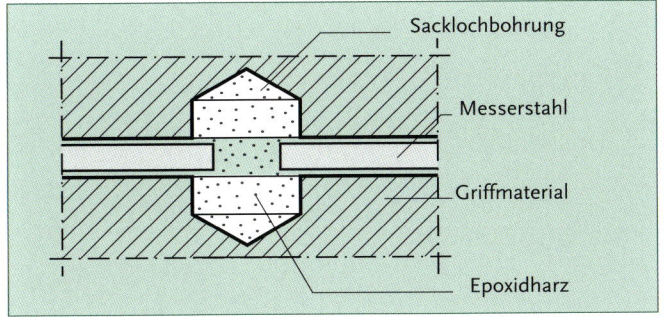

Prinzipskizze einer unsichtbaren Verbindung der Griffschalen mit Epoxidharz

Bei der in der unteren Skizze gezeigten Lösung werden wie zuvor Sacklöcher ins Griffmaterial gebohrt, deren Durchmesser ein gutes Stück größer ist als die Durchgangslöcher

in der Angel. Kleber einfüllen – andrücken – fixieren. Diese
Lösung ist nicht so haltbar wie das zusätzliche Einkleben von
Gewindestangen.

Punzieren der Griffbacken

Beim Vernieten der Griffbacken kann es passieren, dass
zwischen Niete und Backenmaterial ein Spalt sichtbar bleibt.
Um diesen unschönen Fehler zu vertuschen, kann man die
Backen punzieren, d. h. mit einem Körner oder Austreiber
und einem Hammer Vertiefungen einschlagen, sodass der
Spalt kaschiert wird.

Punzierte Backe

Spalten ausgießen

Unschöne Spalten zwischen den Backen und/oder dem
Griffmaterial und der Angel kann man mit Sekundenkleber
ausgießen und dann nachschleifen und polieren.

Material verdrängen

Es ist oft nicht einfach, bei gesteckten Parierstangen Spalten zwischen der Klinge und der Parierstange völlig zu vermeiden.

Mithilfe eines Austreibers und eines Hammers kann man
an den Stellen, wo der Spalt zu weit ist, mit vorsichtigen
Schlägen etwas Material verdrängen und so den Spalt veren-

TIPP

Bewährt hat sich, bei größeren
Fehlern im Griffmaterial Epo-
xidharzkleber mit Schleifstaub
des Griffmaterials anzurühren
und mit dieser Masse den Fehler auszubessern.

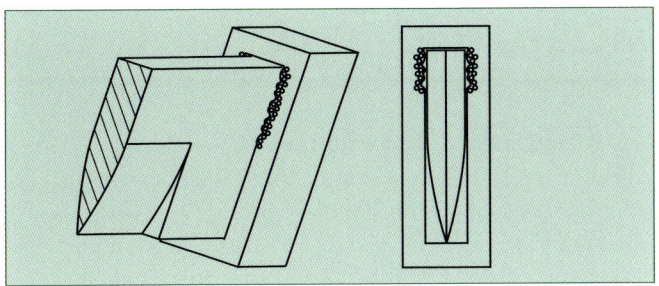

Verdrängtes Material füllt den Spalt aus.

gen. Die Bearbeitungsspuren kann man durch Feilen, Schleifen und Polieren wieder beseitigen.

Das Ergebnis ist aber sicherlich die Mühe wert, da Spaltfreiheit ein wichtiges Merkmal bei der Beurteilung der handwerklichen Qualität eines Messers ist.

Grundsätze der Messer-Pflege

Nach Gebrauch sollte ein Messer grundsätzlich gesäubert werden. Überdies empfiehlt es sich, Messer ab und zu mit einem Tropfen Waffenöl einzulassen. Dies verhindert nicht nur Oxidation, sondern pflegt auch den Griffwerkstoff.

Bei Messergriffen aus Elfenbein beugt die regelmäßige Pflege mit Öl (z.B. Magnolienöl) dem gefürchteten Reißen der Griffschalen vor.

Hitze, direkte Sonneneinstrahlung oder starke Feuchtigkeit und Trockenheit sind für natürliche Griffmaterialien wie Horn, Knochen, Elfenbein, Holz etc. nicht zuträglich.

TIPP

Ein Messer bewahren wir nie über längere Zeiträume in einer Lederscheide auf! Die zum Ledergerben verwendeten Chemikalien greifen den Stahl an.

Messer-Design und -typen

Je nach Einsatzgebiet wurden im Lauf der Messergeschichte verschiedene Messerformen oder auch -typen entwickelt. Nicht zuletzt ist das „Design" aber auch eine Frage des Geschmacks.

Grundsätzlich werden Art und Form einer Klinge seit jeher von ihrem Verwendungszweck bestimmt – „die Form folgt der Funktion."

Nicker

Der Name kommt vom Abnicken, das heißt Töten des Wildes durch einen Stich ins Genick. Eine Tötungsart, die vor der Verwendung von Kurzwaffen gebräuchlich war. Der Nicker ist daher spitz und schmal, um das Eindringen zu erleichtern.

In heutiger Zeit spielt der Nicker als Lederhosenmesser in der bayrischen Tracht eine große Rolle.

Nicker

Skinner

Der Name kommt aus dem Englischen und heißt übersetzt „Häuter". Der Skinner dient hauptsächlich dem Abhäuten oder, wie der Jäger sagt, „Aus-der-Decke-Schlagen" des Wildes.

Um das Durchstechen des Felles zu vermeiden, ist die Spitze weit hochgezogen. Der weite Radius sorgt für eine lange Schneide bei kurzer, handlicher Bauweise.

Typischer Skinner mit nach oben gezogener Spitze

Kurzer Skinner

Nordische Messer

Traditionelle Messer aus Norwegen, Finnland oder Schweden haben oft recht kurze Klingen, was auf die sparsame Verwendung des in früheren Zeiten teuren Stahls zurückgeht. Die Griffe bestehen aus Birkenmaserholz, Horn, Knochen – vor allem vom Rentier – und Rinden- oder Lederscheiben.

Klingen dafür bekommt man in den nordischen Ländern in jedem Haushaltswarengeschäft für erstaunlich wenig Geld. Der Selbstbau der Messer ist dort eine Selbstverständlichkeit.

Das typisch nordische Messer ist kurz und knuffig.

Eine herrliche Arbeit!

Hirschfänger

Der Hirschfänger spielte in den Zeiten vor Erfindung der Feuerwaffen bei Hetzjagden eine wichtige Rolle, da er verwendet wurde, um dem Hirsch den Gnadenstoß zu geben oder ihn wie der Jäger sagt, „ abzufangen". Im Laufe der Jahre wurde er Statussymbol der hirschgerechten Jäger und wurde in einer stumpfen Ausführung und reich verziert zur Paradeuniform getragen.

Hirschfänger aus einer Bajonettklinge

Kampfmesser

Es gibt eine Reihe von Kampfmesserarten. Am bekanntesten ist das Bowie, benannt nach dem legendären Helden von Fort Alamo.

Bowiemesser

Die japanische Variante des Kampfmessers, das Tanto, wird auch bei uns immer populärer. Der Samurai trug es für den Nahkampf neben seinem Schwert, dem Katana. Es fand aber auch für die zeremonielle Selbsttötung, dem Seppuko oder Harakiri, Verwendung.

Tanto   **Fighter**

Weitere interessante Messer

Wikingermesser

Klappmesser mit Mosaikdamastbacken, Mammut-
elfenbein mit Scrimshaw

Klappmesser in Form eines Tiefseefisches

Messer mit Griff aus fossilem Knochen

Japanisches Kochmesser mit Griff aus Grenadill und
Opaleinlage

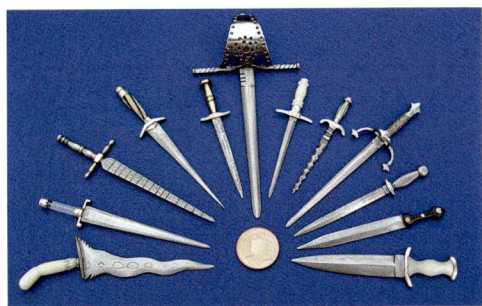

Miniaturmesser

Kosmos-Bücher zum Weiterlesen

Fachwissen für Jäger

Stinglwagner/Haseder
Das Große Kosmos Jagdlexikon
Wer sich mit der Jagd beschäftigt, kommt an diesem Standardwerk nicht vorbei. Das umfassende Nachschlagewerk enthält alle wichtigen Stichworte zu Wildarten und -hege, Jagdpraxis, Waffenkunde, Ausrüstung, Jagdhunden und vielem mehr. Wer sich außerdem für die Geschichte der Jagd und ihre Darstellung in Kunst und Literatur interessiert, findet in dieser einzigartigen Enzyklopädie auch dazu alles Wissenswerte.
824 S., mehr als 1.000 überwiegend farbige Abbildungen, Schutzumschlag

Hrsg.: W. Bachmann, R. Roosen
Praxishandbuch Jagd
Jagd ist vor allem Handwerk – erfolgreich jagen und hegen heißt, dieses Handwerk zu beherrschen. Schalenwild, Niederwild, Jagd- und Revierpraxis, Jagdhundewesen, Jagdwaffen, Optik und vieles mehr: Dieses umfassende Praxisbuch enthält einfach alles, was Jagdscheinanwärter, Jungjäger und „alte Hasen" über Wild, Hege und Jagdpraxis wissen müssen. Unverzichtbar für den Praktiker – konkurrenzlos in Informationsfülle und Ausstattung!
655 S., 852 Farbfotos, 166 Farbillustrationen

Lutz Briedermann
Schwarzwild
Die Erstausgabe von Lutz Briedermanns Schwarzwild-Monografie etablierte sich in kurzer Zeit als „Der Briedermann" in der Spitze der jagdlichen Fachliteratur. Seit der letzten Auflage haben die Fragen nach der Biologie der Wildscheine und deren effektiver Bejagung durch die rasante Zunahme der Wildart an brennender Aktualität hinzugewonnen. Genau der richtige Zeitpunkt für diese vollständig aktualisierte Neuausgabe der wegweisende Schwarzwild-„Bibel" – konkurrenzlos in Informationsfülle und Kompetenz!
598 S., über 330 tlw. farbige Abbildungen

Jörg Rahn
Kanzeln, Leitern, Schirme
Ansitzeinrichtungen im Jagdrevier sind die Grundvoraussetzung für erfolgreiches und störungsarmes Jagen. Geschlossene Kanzeln, Ansitzleitern oder einfache Erdschirme am Boden – mit diesen Konstruktionsanleitungen wird ihr Bau zum Kinderspiel! Zusätzliche Hinweise beispielsweise zum Schärfen der Motorsäge und zu den Unfallverhütungsvorschriften machen dieses Buch zum unverzichtbaren Ratgeber für jedes Jagdrevier.
128 S., 100 farbige Abbildungen

Ekkehard Ophoven
Kosmos Wildtierkunde
Über 120 Wild- und Tierarten werden in Porträtfotos, Ergänzungsbildern und Zeichnungen vorgestellt und alles Wichtige über Vorkommen, Lebensraum und Lebensweise, Biologie, jagdlichen Status und Bejagung vermittelt. Eine wichtige Hilfe für den Jagdscheinanwärter, ein ständiger Begleiter für den Jäger, und ein interessantes Buch für alle Naturliebhaber!
168 S., über 200 Farbfotos und zahlreiche Illustrationen

Gert G. von Harling/Carsten Bothe
Die besten Tipps für Jagd und Jäger
Eisige Füße beim Nachtansitz? Der Gewehr-
schaft ist vergammelt? Der Proviant wird
feucht? Mit diesem Buch muss das nicht
sein! Zahlreiche Tipps und Tricks zweier
erfahrener Jäger räumen die kleinen Stolper-
steine des Jagdalltags aus dem Weg.
128 S., 137 Farbfotos und 5 Illustrationen

Gert G. von Harling/Carsten Bothe
Noch mehr Tipps für Jagd und Jäger
Nach dem viel beachteten Buch „Die besten
Tipps für Jagd und Jäger" legen zwei Erfolgs-
autoren nun die neu ausgestattete Fortset-
zung mit zahlreichen nützlichen Praxistipps
für den jagdlichen Alltag vor. Ob es um die
jagdliche Ausrüstung, den Revieralltag, den
vierläufigen Jagdhelfer oder die Jagdhütte
geht –diese pfiffigen Tricks machen erfolgreiches Jagen einfacher!
128 S., 120 Farbfotos und 14 Illustrationen

Zum Genießen und Verschenken

Eugène Reiter
Passion
Europa ist ein Kontinent mit einer schier
unglaublichen Naturfülle und Artenvielfalt.
Ein begnadeter und leidenschaftlicher Foto-
graf hat die Wildbahnen vom Atlantik bis
zum Ural und von Lappland bis ans Mittel-
meer jahrelang mit der Fotokamera bereist.
Zusammen den bedeutendsten europäischen
Jagd- und Wildschutzorganisationen legt er
hier das Ergebnis vor – einen hochwertigen
Bildband mit atemberaubenden Fotografien
der faszinierenden Wildtiere Europas.
400 S., 541 Farbfotos, Schutzumschlag

Burkhard Winsmann-Steins
Fesselnde Augenblicke der Jagd
Treiberrufe schallen durch den bunten
Herbstwald, Hundelaut dringt an das Ohr
des regungslos lauernden Jägers –plötzlich
ein „durchwischender" Fuchs, dann das laute
Heranbrechen flüchtiger Sauen. Das ist
Drückjagd – Spannung und jagdliches Erle-
ben pur! Nicht am Abzug der Büchse, son-
dern am Auslöser der Kamera hatte Burkhard
Winsmann-Steins seinen Finger immer wie-
der im richtigen Moment: In hinreißenden
Bildern präsentiert der exzellente Wild- und
Jagdfotograf in dieser Bildband-Sonderausga-
be packende „Szenen der Drückjagd". Für
zusätzlichen Lesegenuss sorgen spannende
Drückjagdschilderungen von Gert G. von
Harling.
160 S., 144 Farbfotos, Schutzumschlag

Ludwig Benedikt Freiherr von Cramer-Klett
Die Heuraffler und Im Gamsgebirg
Wollte man aus dem ohnehin herausragen-
den schriftstellerischen Vermächtnis des Frei-
herrn von Cramer-Klett besondere Werke her-
vorheben, so hätten „Die Heuraffler" und
„Im Gamsgebirg" diese Ehre zweifellos ver-
dient. Immer wieder nachgefragt, liegen beide Werke jetzt in einem attraktiven, günsti-
gen Doppelband vor – ideal zum
Verschenken und Sich-Selbst-Beschenken!
460 S., zahlreiche Abbildungen

Register

Der Autor

Ernst Siebeneicher-Hellwig, geboren 1950 im bayerischen
Dachau, ist gelernter Werkzeugmacher. Er hat sich viele Jahre
mit der Fertigung von Messern beschäftigt und darauf
spezialisiert. Während eines Japan-Aufenthaltes absolvierte
er eine Zusatzausbildung im Schärfen japanischer Messer.
Für einen namhaften deutschen Händler japanischer Werkzeuge und Messer war er als Produktmanager Messer tätig.
Für den Bayerischen Landesjagdverband leitete Ernst Siebeneicher-Hellwig an der Landesjagdschule viele Jahre stark
nachgefragte Kurse über den Eigenbau von Messern. Darüber hinaus veröffentlichte er verschiedene Fachbücher zum
Themenkreis Messer.

Herstellerverzeichnis abgebildete Messer
Walter Frietinger: S. 26 o., 29, 66 o., 113
Thobias Hilger: S. 72 o.
Ralf Hoffmann: S. 115 Mi. li.,
Helmut Iffland: S. 114 o.
Dietmar Kressler: S. 114 u. re.,
Manfred Ritzer: S. 27, 89 o. re., 110 beide, 111 o., 114
Jürgen Rosinski: S. 155 Mi. re.
Wolfgang Schlag: S. 115 u. re.
Ernst Siebeneicher-Hellwig: S. 5, 7, 11, 24, 25 beide, 26 u.,
28 alle, 30 u., 63 u., 89 u. re., 110, 111 u., 115 u. li.
Richard Spitzel: 61
Thomas Steindl: S. 112
Hans Weinmüller: S. 115 o. re.
Richard Zirbes: S. 102 u. (inkl. Scrimshaw)

Bildnachweis

Mit 153 Farbfotos von Ernst Siebeneicher-Hellwig (135) sowie von Carsten Bothe (15):
S. 37, 38 alle, 39, 41 alle, 42, 43 beide, 44 beide 45, 46 und Ekkehard Ophoven (3): S. 9, 59 o., 95
Mit 29 Zeichnungen von Matthias Wilcke (27) und Wilfried Sloman (2): S. 8, 12 o.

Impressum

Umschlaggestaltung von eStudio Calamar von unter Verwendung eines Farbfotos von
Ernst Siebeneicher-Hellwig

Mit 153 Farbfotos und 29 Zeichnungen

Verlag und Autor danken Carsten Bothe, der Texte und Fotos zum Teilkapitel „Nicker"
(S. 36 bis 46) beisteuerte.

Unser gesamtes lieferbares Programm und viele
weitere Informationen zu unseren Büchern,
Spielen, Experimentierkästen, DVD, Autoren und
Aktivitäten finden Sie unter **www.kosmos.de**

Mix
Produktgruppe aus vorbildlich
bewirtschafteten Wäldern, kontrollierten
Herkünften und Recyclingholz oder -fasern
www.fsc.org Zert.-Nr. SGS-COC-004278
© 1996 Forest Stewardship Council

Gedruckt auf chlorfrei gebleichtem Papier

© 2010 Franckh-Kosmos Verlags-GmbH & Co. KG, Stuttgart.
Alle Rechte vorbehalten
ISBN 978-3-440-12339-3
Redaktion: Ekkehard Ophoven
Produktion: Die Herstellung
Printed in The Czech Republic / Imprimé en République Tchèque

Alle Angaben in diesem Buch erfolgen nach bestem Wissen und Gewissen. Sorgfalt bei der Umsetzung ist indes dennoch geboten. Der Verlag, der Autor und die Herausgeber übernehmen keinerlei Haftung für Personen-, Sach- oder Vermögensschäden, die aus der Anwendung der vorgestellten Materialien und Methoden entstehen könnten. Dabei müssen geltende rechtliche Bestimmungen und Vorschriften berücksichtigt und eingehalten werden.

KOSMOS.

Know-how für Ihr Revier.

Der perfekte Schliff

Messer und Werkzeuge wollen gepflegt und sachkundig geschärft werden. Was dabei zu berücksichtigen ist und wie man sie allzeit scharf und einsatzbereit hält, zeigt dieses Buch. Schärfen wie ein Profi – mit diesen Tipps kann es wirklich jeder!

Carsten Bothe
Messer schärfen wie die Profis
100 S., 142 Abb., €/D 8,50
ISBN 978-3-440-10856-7

Wissen kompakt

Ob die Pflege von Messern, das Schleifen von Scheren und anderen Werkzeugen oder die richtige Handhabung von Äxten – dieses Praxisbuch informiert über Materialien, Merkmale und den richtigen Umgang mit ihnen.

Carsten Bothe
Das Messerbuch
144 S., 60 Abb., €/D 14,95
ISBN 978-3-440-11214-4

www.kosmos.de/jagd